BIOCOMBUSTIBLES

INNOVANT PUBLISHING
SC Trade Center: Av. de Les Corts Catalanes 5-7
08174, Sant Cugat del Vallès, Barcelona, España
© 2021, Innovant Publishing
© 2021, Trialtea USA, L.C.

Director general: Xavier Ferreres
Director editorial: Pablo Montañez
Coordinación editorial: Adriana Narváez
Producción: Xavier Clos

Diseño de maqueta: Oriol Figueras
Maquetación: Mariana Valladares
Equipo de redacción:
Redacción: Paulo Di Renzo
Edición: Mónica Deleis
Corrección: Martín Vittón
Coordinación editorial: Adriana Narváez

Créditos fotográficos: "Bio fuel ethanol concepts leaves and trunk of sugar cane in the gas tank of a car" (©Shutterstock), "Eco friendly bio no waste zero" (©Shutterstock), "Gas pump nozzle with gasoline or biofuel drop and growing green sprout symbolising environmental" (©Shutterstock), "Fuel and agriculture machines gas can and tractor in the field biodiesel and petrol production" (©Shutterstock), "Gas mask earth d render of planet earth wearing gas mask earth map texture source" (©Shutterstock), "Scheme of greenhouse effect sunshine heat the earth" (©Shutterstock), "Soft focus the smoke from the truck exhaust" (©Shutterstock), "Biofuel barrels with biofuel symbol d rendering" (©Shutterstock), "Seven Wonders of the Ancient World. Lighthouse of Alexandria" (©Shutterstock), "Manager balancing out fossil fuels and renewable energy resources in the palm of his hands" (©Shutterstock), "Person refueling the car at a gas station" (©Shutterstock), "Aerial view of combine harvester on rapeseed field agriculture and biofuel production theme" (©Shutterstock), "Aerial view on the modern biofuel factory" (©Shutterstock), "Corn dryer silos standing in a field of corn" (©Shutterstock), "Sugarcane plant ethanol production" (©Shutterstock), "Campo florido Minas Gerais Brazil June bio fuel ethanol produced from sugar cane" (©Shutterstock), "Sugar cane natural cellulose fibers and source of ethanol biofuel production" (©Shutterstock), "Beaker of golden ethanol and flasks filled with corn and soybeans shot in lab on white background" (©Shutterstock), "Structure of ethanol drinking alcohol formula" (©Shutterstock), "Sao Paulo Brazil November fuel pump with ethanol and gasoline at a Petrobras BR Station" (©Shutterstock), "Biodiesel alternative energy clear glass" (©Shutterstock), "Palm fruit production from raw material garden vegetable oil and alternative energy biodiesel" (©Shutterstock), "Elderly asian women are showing usable oil to circulate for reuse is biodiesel" (©Shutterstock), "SCANIA B100" (©Scania.com, Silvio Serber), "Aerial view over biogas plant and farm in green fields renewable energy from biomass modern" (©Shutterstock), "Alessandro Volta portrait from Italy" (©Shutterstock), "Voltaic pile" (©Shutterstock), "Biogas for animal waste green energy" (©Shutterstock), "Anaerobic digesters or biogas plant producing biogas" (©Shutterstock), "HDPE sheet biogas cover lagoon biogas from animal dung" (©Shutterstock), "The scientist test the natural product extract oil and biofuel solution" (©Shutterstock), "Bio pellets granulated wooden fuel economical ecologicla fuel" (©Shutterstock), "Green environmentally friendly vehicle concept d rendering" (©Shutterstock), "Photobioreactor in lab algae fuel biofuel industry algae fuel algae research in industrial" (©Shutterstock), "Bacteria colony of escherichia coli e coli in culture media plate" (©Shutterstock), "Agronomist is using a tablet with futuristic augmented reality holograms" (©Shutterstock), "Group of demonstrators fight for climate change global" (©Shutterstock), "Aerial view on combine harvester gathers the wheat at sunset harvesting grain field crop season" (©Shutterstock).

ISBN: 978-1-68165-884-1
Library of Congress: 2021933747

Impreso en Estados Unidos de América
Printed in the United States

ÍNDICE

INTRODUCCIÓN

A comienzos del siglo XXI, los biocombustibles se han convertido en una solución obligatoria para seguir disponiendo de energía para el transporte –prioritariamente– pero existen desde hace muchos años (más de lo que uno podría imaginar). Por supuesto, la producción de biocombustibles es ventajosa también para los servicios, para la economía y, con mayor protagonismo, para el medio ambiente. En este contexto, los países que cuentan con un desarrollo agropecuario sostenible son aquellos que mayores posibilidades tienen de producir biocombustibles. Veamos por qué.

Previo al desarrollo industrial –y de formas que en la actualidad pueden parecer hasta irrisorias– el ser humano utilizaba animales, vegetales, y las fuerzas del viento y del agua para obtener la energía necesaria para producir calor, luz y también para transportarse. Pero una vez que la energía almacenada en los recursos fósiles se convirtió en la fuente más requerida, tanto el petróleo como el carbón mineral y el gas natural se transformaron en los combustibles ideales para seguir evolucionando y mejorar la calidad de vida. Esta forma de generar energía cobró aún mayor preponderancia luego de la Segunda Guerra Mundial, y si bien algunos sucesos pusieron en jaque la explotación de los recursos fósiles, esta fuente se mantiene vigente y se mantendrá, según los expertos, hasta el agotamiento total del petróleo o, en su defecto, hasta que se inventen o perfeccionen nuevas formas de producir energía. Y los biocombustibles son una de ellas.

A diferencia de los combustibles fósiles, que provienen de la energía almacenada durante muchísimo tiempo a partir de los restos de plantaciones y animales muertos que se encuentran enterrados en los suelos, los biocombustibles proceden de la biomasa –o materia orgánica– de origen vegetal o animal (incluidos los residuos y desechos orgánicos), que puede ser aprovechada energéticamente. La biomasa es una fuente de energía renovable y su producción es mucho más rápida que la formación de combustibles fósiles. Entre los cultivos posibles que se pueden utilizar para la elaboración de biocombustibles están los de alto tenor de carbohidratos, como la caña de azúcar y el maíz; las plantas oleaginosas, como la soja, el girasol y la palma; y las esencias forestales, como el eucalipto y los pinos. Cada país –o mejor dicho, cada región del planeta– utiliza la materia prima más conveniente dentro de sus condiciones naturales y el sistema de producción que mayores ventajas le otorga al momento de extraer dicha materia.

En algunos países industrializados se han desplegado importantes programas de desarrollo a escala industrial y logística, y por eso, desde finales del siglo xx, la gran mayoría de la energía que se utiliza –sobre todo para transportarnos– contiene un porcentaje cada vez mayor de biocombustibles agregados a la gasolina y al diésel. Es difícil saber si los biocombustibles son la energía del futuro porque su producción tiene aún algunas cuestiones sociales, políticas, alimentarias y, aunque suene contradictorio, también medioambientales que no terminan de unificar su regulación a escala global. Lo que sí sabemos es que son una realidad, una alternativa viable para sustituir definitivamente los combustibles fósiles y que cada día están más presentes en nuestras vidas.

COSECHANDO LA ENERGÍA

¿Pueden los biocombustibles reemplazar a los combustibles fósiles?

Los expertos aseguran que el petróleo se va a acabar en un futuro no muy lejano. La expansión de la energía generada a partir de materias primas renovables parece ser la solución. También, para reducir las emisiones de gases de efecto invernadero y salvaguardar la salud del planeta.

El reemplazo de los combustibles fósiles por los biocombustibles es una alternativa viable de cara al futuro inmediato.

¿DE DÓNDE PROVIENEN?

Luego de algunos intentos previos –más sectorizados o individuales–, Estados Unidos y un puñado de países europeos decidieron, durante la primera década del siglo XXI, que de una vez por todas debían empezar a reducir los temidos gases de efecto invernadero (GEI). Estos se encuentran presentes en la atmósfera terrestre y tienen una importancia fundamental en el aumento de la temperatura del aire próximo al suelo, haciéndola permanecer en un rango de valores aptos para la existencia de vida en el planeta. Los gases de efecto invernadero más importantes son: vapor de agua, dióxido de carbono (CO_2) metano (CH_4), óxido nitroso (N_2O), clorofluorcarbonos (CFC) y ozono (O_3). Sin la presencia de estos agentes, la temperatura promedio de la superficie terrestre rondaría los -18 °C en lugar de los 15 °C actuales. La principal fuente de generación de estos gases –que en una cantidad superior a la necesaria resultan nocivos– tiene su génesis en los combustibles fósiles, por eso las grandes potencias mundiales entendieron que debían empezar a sustituir su uso en forma paulatina. Y los biocombustibles fueron la respuesta, ya que se posicionaron como una fuente de energía alternativa viable.

La mayoría de los biocombustibles se obtiene de la biomasa proveniente de diferentes tipos de cultivos.

Tanto por una cuestión medioambiental como también por un tema de reservas de petróleo.

Lógicamente, para comenzar a hablar de una forma de energía alternativa a los combustibles fósiles primero es necesario saber qué es un combustible fósil. Un combustible es una sustancia que, al combinarse con oxígeno, es capaz de reaccionar desprendiendo calor, es decir, energía. Eso está claro. Ahora, un combustible fósil es esta misma sustancia obtenida a partir de la descomposición natural de la materia orgánica enterrada bajo tierra a lo largo de millones de años; es el caso del petróleo, el carbón y el gas. Entonces, ¿qué es un biocombustible? Ni más ni menos que un combustible de origen biológico, obtenido de manera renovable a partir de cultivos y restos orgánicos. Y esta es una de las claves: si bien tanto el petróleo como el gas y el carbón necesitaron millones de años para que su composición química sirviese como combustible, estos surgen de las profundidades subterráneas y sabemos que no son renovables. En cambio, los biocombustibles se obtienen de la biomasa proveniente de cultivos como caña de azúcar, maíz, remolacha, sorgo, yuca (o mandioca), palma, soja, girasol, jatrofa y colza, entre muchos –realmente muchos– otros vegetales. También pueden conseguirse de algunas especies forestales como el eucalipto y el pino, e incluso de distintos tipos de desechos orgánicos, entre otras alternativas más modernas como las microalgas.

Los biocombustibles son renovables y una buena sustitución de los combustibles fósiles, tanto en sus estados sólidos, líquidos o gaseosos producidos a partir de biomasa. Además, pueden ser un complemento de los combustibles fósiles, es decir que se pueden mezclar antes de ser utilizados. Se usan para generar energía eléctrica, calefaccionar, cocinar… y lo más interesante, para el transporte, la principal fuente de contaminación del planeta.

15

EL TEMIDO EFECTO INVERNADERO

El efecto invernadero natural hace posible la vida en nuestro planeta. Sin embargo, algunas actividades humanas –como la quema de combustibles fósiles y la deforestación– han atentado contra este fenómeno al causar un calentamiento global que, como sabemos, continúa avanzando. El denominado efecto invernadero es, básicamente, un proceso en el que la radiación térmica emitida por la superficie planetaria es absorbida por los gases de efecto invernadero atmosféricos y luego irradiada en diferentes direcciones. Como parte de esta radiación es devuelta hacia la superficie y la atmósfera inferior, se produce un incremento de la temperatura en la Tierra.

El principal componente que produce este aumento de temperatura es el dióxido de carbono (CO_2), un gas de efecto invernadero que absorbe y emite radiación. Una gran mayoría de climatólogos coincide en que el aumento en la concentración atmosférica de dióxido de carbono es la principal razón del aumento de la temperatura media global desde mediados del siglo xx.

MENOS DIÓXIDO DE CARBONO, LA CLAVE

Por medio de la utilización de combustibles de origen biológico se reduce el dióxido de carbono enviado a la atmósfera terrestre, ya que los cultivos que se utilizan para generar los biocombustibles van absorbiendo el CO_2 a medida que se van desarrollando. Mientras que, en el momento de la combustión, emiten una cantidad mucho menor que la de los combustibles fósiles. Sin embargo, y como sucede con muchos otros aspectos correspondientes a la producción y utilización de los biocombustibles, algunas entidades y estudios científicos aseguran que esta aseveración no es 100% real, lo cual genera un fuerte interrogante de cara a los próximos años.

¿QUÉ PASA CON LOS MOTORES?

El mundo se transporta con derivados del petróleo. Por eso la pregunta es obvia: ¿se puede mover con biocombustibles? Es decir, ¿se puede elaborar un sustituto real para el petróleo? Hay un dato que certifica esta posibilidad: el uso de biocombustibles se adapta con mayor flexibilidad y eficiencia a la tecnología mecánica tal como la conocemos. En cambio, si se busca reemplazar el petróleo con otra fuente alternativa, como por ejemplo el hidrógeno o la electricidad, es necesario innovar con una tecnología de propulsión diferente, y sustituir –o ir renovando– toda la cadena de motorización existente, proceso que llevaría unos cuantos años de trabajo para las constructoras de vehículos y, sin duda, una gigantesca inversión de dinero en tecnología y nuevas maquinarias.

Las mezclas –de bioetanol con gasolina y de biodiésel con diésel– son las que tomaron mayor preponderancia comenzado el siglo XXI. Ambas fusiones permiten que los motores funcionen mejor (en parte, por su mayor capacidad lubricante), aunque su implementación reduce la distancia recorrida por litro, es decir que los vehículos pierden autonomía. Dependiendo del país, la mezcla más habitual puede contener entre un 5% y un 20% de bioetanol o biodiésel por litro. Las regulaciones establecidas en cada mercado y la calidad del biocombustible generalmente instauran dichas normas. Para identificar el tipo del biocombustible presente en las mezclas con gasolina o diésel y su respectiva

graduación se utiliza un código alfanumérico. Por ejemplo, «E» indica que es bioetanol y «B», que es biodiésel, mientras que el número señala el porcentaje que hay en la mezcla. Así, E10 significa que el combustible contiene 10% de bioetanol y 90% de gasolina, y B5 indica que contiene 5% de biodiésel y 95% de diésel. Por supuesto, como ya mencionamos, tanto el bioetanol como el biodiésel pueden utilizarse al 100%, en reemplazo del combustible fósil tradicional.

Está comprobado que la inclusión de biodiésel o de bioetanol, en sus respectivas mezclas o al 100%, no produce ninguna alteración en las prestaciones de los vehículos ni en la durabilidad de los motores, aunque, por supuesto, los usuarios deben

El dióxido de carbono, uno de los gases de efecto
invernadero (GEI) más importantes, es señalado
como el máximo responsable del constante
incremento en la temperatura del planeta.

adoptar nuevos hábitos, como por ejemplo sustituir los filtros
(el de combustible y el de aceite) con anterioridad a los períodos
habituales y controlar el estado del aceite con mayor asiduidad.

REDUCCIÓN DE EMISIONES, ¿QUÉ SIGNIFICA?

Las emisiones de partículas se han identificado como un riesgo
importante para la salud, y cuanto más pequeña sea la partícula,
mayor es el riesgo. Los vehículos impulsados por combustibles
fósiles contribuyen con la contaminación de diversas partículas, sobre todo en áreas urbanas. La utilización de biocombustibles en motores convencionales tiene como resultado sustancial la disminución de emisiones de dióxido de carbono (CO_2),
monóxido de carbono (CO), hidrocarburos no quemados (HC),
óxidos de nitrógeno (NOx), óxidos de azufre (SOx) y partículas
de diferentes materias, en comparación con los combustibles tradicionales. De los principales agentes contaminadores que ema-
nan del escape de un motor de combustión interna alimentado
por combustible fósil, algunos de los mencionados son los pre-
cursores de la formación de esmog o «niebla contaminante».

19

«DIÉSELGATE»: UN CASO SIN PRECEDENTES

En septiembre de 2015 se hizo público un caso que conmocionó a la
industria automotriz: la empresa alemana Volkswagen había insta-
lado ilegalmente en 11 millones de vehículos alimentados a diésel
un software para alterar los resultados de los controles de emisiones contaminantes. Producto de este fraude, sus motores habían
superado con éxito los estándares de la Agencia de Protección
Ambiental de Estados Unidos (Environmental Protection Agency
o EPA), pero cuando se comprobó el resultado real de emisiones
contaminantes, el límite legal de óxidos de nitrógeno emitidos a
la atmósfera era 40 veces mayor. A raíz de esto, Volkswagen tuvo
que afrontar litigios multimillonarios en todo el planeta.

La utilización de biocombustibles en motores convencionales permite la reducción de emisiones contaminantes.

DIÉSEL *VS.* GASOLINA

Debido a relaciones de compresión mucho más altas y una mayor duración de la combustión, los motores diésel tienen el beneficio de funcionar con más eficiencia de combustible que los motores de gasolina. Esto se traduce en que la temperatura aumenta con mayor lentitud, permitiendo que más calor se convierta en trabajo mecánico.

VIABILIDAD Y POLÉMICA

Existen dos beneficios determinantes para la implementación de los biocombustibles. Por un lado, representan una fuente de energía alternativa que puede usarse en caso de que los precios de los derivados del petróleo se eleven demasiado, o si este se consume antes de lo imaginado (se estima que a comienzos del siglo XXI la humanidad presenciará el agotamiento de los combustibles fósiles). Por otro lado, su uso contribuye de forma notable a frenar el calentamiento global (ayudando a reducir las emisiones de dióxido de carbono). Sin embargo, la polémica más importante sobre su viabilidad está relacionada con su producción, ya que los cultivos tradicionales implican otorgarle un uso diferente del alimentario –claramente más rentable–, por lo que la incógnita pasa por saber qué sucedería si no se regula el uso futuro de los cultivos. ¿Sería conveniente una legislación regional? ¿O internacional?

22

2

EL ORIGEN

Primeros biocombustibles
y biomasa

La materia prima orgánica de origen biológico se
erige como la fuente natural para la elaboración de
biocombustibles. Su presencia en la Tierra tiene raíces
de larga data. Los primeros intentos de propulsión
evidencian que siempre estuvieron en la consideración
de los fabricantes de vehículos.

El Faro de Alejandría, ilustración
inspirada en las monedas de la época.

ALLÁ EN EL TIEMPO

Albert Einstein (1879-1955) publicó su teoría de la relatividad
entre 1915 y 1916. El gran incendio de Roma se produjo en el año
64. Y Leonardo da Vinci (1452-1519) empezó a pintar *La Gioconda*
en 1503. Fechas concretas, reales o aproximadas para cada uno de
estos acontecimientos. En cambio, es imposible saber cuándo se
utilizó por primera vez un biocombustible. Pero sí podemos asegurar que constituyeron la primera fuente de energía que conoció
la humanidad.

26   Se estima que en tiempos remotos los esquimales fabricaban
velas para alumbrar con la grasa sobrante de las focas que utilizaban para alimentarse. ¿Habrán sido los primeros en darle forma a
un biocombustible? Quizás. Más cerca en el tiempo, en imperios
antiguos, cuenta la historia que, para generar luz y energía para
cocinar, utilizaban la grasa de algunas especies de pescados y hasta
aceite de oliva. Sin embargo, probablemente el Faro de Alejandría,
identificado como una de las Siete Maravillas del mundo antiguo,
sea el ejemplo más cabal de la utilización de biocombustibles en
tiempos inmemoriales, ya que se encendía con aceite de ballena,
para marcar la posición de la ciudad a los navegantes, dado que la
costa en la zona del delta del Nilo era muy llana y se carecía, por
lo tanto, de cualquier referencia para la navegación marítima. Los
faros luminosos con combustible se dejaron de usar en el siglo XX,
cuando se popularizó la luz eléctrica y surgieron otros medios de
orientación geográfica.

PRIMEROS INTENTOS DE PROPULSIÓN

Corría 1895 cuando un ingeniero alemán de nombre Rudolf
Christian Karl Diesel (1858-1913) desarrolló el primer motor de
combustión interna bajo el ciclo diésel, aunque su idea inicial era
que funcionara con un combustible derivado del polvo de carbón

El equilibrio entre los combustibles fósiles y los recursos generados a partir de energías renovables es una tendencia mundial en el siglo XXI.

o de aceites vegetales. De hecho, en algunos documentos históricos consta que su primer prototipo marchaba correctamente con un producto desarrollado a partir del aceite de maní.

Algunos años después fue el propio Henry Ford (1863-1947, fundador de la compañía Ford Motor Company, padre de las cadenas de producción modernas utilizadas para la fabricación en serie y una de las personalidades más destacadas dentro de la historia de la industria automotriz) quien experimentó con los biocombustibles, en este caso con el modelo T. Su idea era utilizar etanol en reemplazo de gasolina. Por entonces, el etanol era un líquido inflamable, obtenido por destilación de productos de fermentación de sustancias azucaradas, muy utilizado en numerosas bebidas alcohólicas, como el vino, la cerveza y otros brebajes destilados. De

hecho, en la década de 1920, en Estados Unidos se adoptó la integración de un 25% de etanol en la gasolina convencional.

A partir de esta medida, Ford y varios expertos construyeron una planta de fermentación en Atchison, Kansas, para fabricar etanol a partir de maíz cultivado para elaborar combustible para los motores de sus automóviles. Esta planta podía producir 38.000 litros diarios de etanol y abastecer casi a 2.000 estaciones de servicio. Sin embargo, el «gasohol» (como lo habían denominado) fue perdiendo terreno debido a los altos precios del maíz – junto con dificultades en su almacenamiento y transporte–, y ya en la década de 1940 los bajos precios del petróleo llevaron al cierre de la planta. De esta manera, la gasolina volvió a ser el combustible convencional para alimentar los vehículos.

PIONERO: EL FORD T

Producido por Ford Motor Company desde 1908 hasta 1927, se convirtió en un modelo icónico para la compañía estadounidense: fue el primer automóvil del mundo fabricado en serie, a partir de la implementación de la producción en cadena, lo que permitió bajar precios y facilitó a la clase media la adquisición de los automóviles.

30

LLEGAN AL TRANSPORTE PÚBLICO

Durante el transcurso de la Segunda Guerra Mundial, la línea de ómnibus Bruselas-Lovaina hizo la primera experiencia con biocombustible en el transporte público. Para ese momento, también el biodiésel hacía su debut en la propulsión de los vehículos pesados en el norte de África, donde los alemanes extendían sus territorios conquistados. Tras la contienda bélica, los líderes de la posguerra eran conscientes de que el crudo constituía una necesidad vital y pasaron a controlar su producción en la región de Oriente Medio

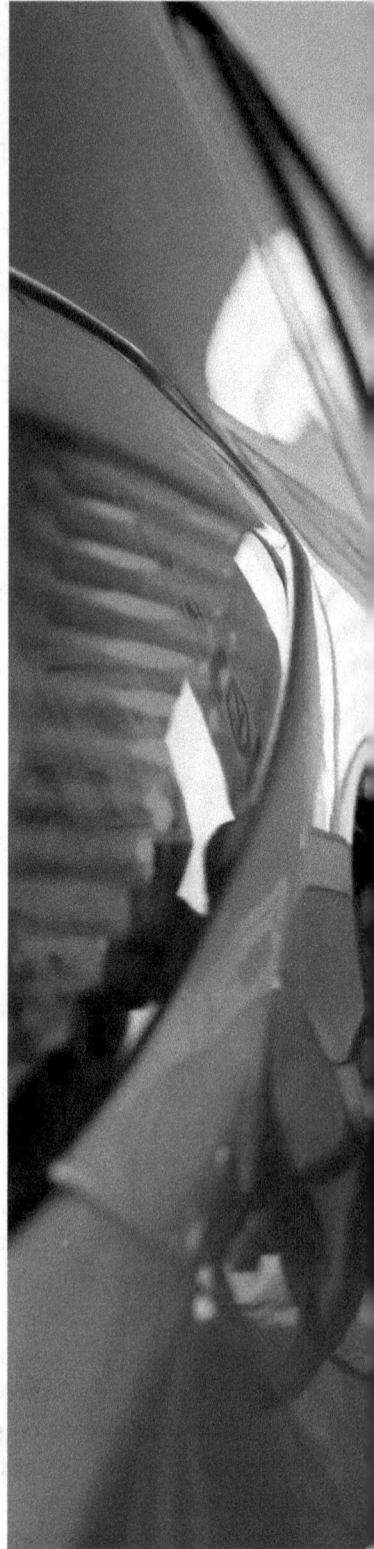

La biomasa, es decir, los productos energéticos y materias primas renovables promovidas a partir de la materia prima orgánica formada por vía biológica, es la base de los biocombustibles.

BOICOT, INFLACIÓN Y CRISIS

La decisión de la Organización de Países Árabes Exportadores de Petróleo (que agrupaba a los países árabes miembros de la OPEP más Egipto, Siria y Túnez), junto con miembros del Golfo Pérsico de la OPEP (incluía a Irán), de no exportar más petróleo a los países que habían apoyado a Israel durante la Guerra de Yom Kipur –que enfrentaba a Israel con Siria y Egipto– fue el desencadenante de la crisis del petróleo de 1973. Como consecuencia, se inició una prolongada recesión económica que duró hasta principios de los años 1980 y afectó fuertemente a muchas regiones. A largo plazo, el embargo aparejó un replanteo en algunas políticas estructurales de Occidente, por lo que se decidió avanzar hacia una mayor conciencia energética y una política monetaria que permitiera combatir la inflación producida por la crisis mundial.

(donde abundaban los campos petroleros), por lo cual la intención de avanzar con el desarrollo de biocombustibles sufrió un nuevo revés.

La crisis del petróleo a comienzos de los años 1970, impulsada por los países árabes, hizo que el precio de la gasolina se disparara de forma exorbitante en todo el mundo y se volviera a pensar en el etanol como complemento o alternativa al petróleo. Además, para entonces ya empezaba a verificarse su posible agotamiento.

Ante esta situación, en países como Brasil, por ejemplo, en 1975 se desarrolló el proyecto Proalcohol, cuyo objetivo era reemplazar el uso de los hidrocarburos. Algo similar ocurrió en la Argentina con el plan Alconafta a fines de esa década, que consistía en fomentar el uso de alcohol mezclado con nafta. Pero posteriores bajas en el precio del crudo y crisis fiscales hicieron que el proyecto se desmantelara. Solo Brasil avanzó con su idea y a finales del siglo XX era considerado un referente mundial en la producción de bioetanol.

PROCEDENCIA: LA BIOMASA

El término *biomasa* sirve para identificar cualquier tipo de materia orgánica que haya tenido su origen inmediato en el proceso biológico de organismos recientemente vivos. Este concepto incluye tanto productos de origen vegetal como de origen animal y sus respectivos desechos metabólicos (estiércol). Sin embargo, quizás el significado más concreto de biomasa sea el de agrupar productos energéticos y materias primas renovables promovidas a partir de la materia prima orgánica formada por la vía biológica. De esta manera, quedan excluidos de la definición los combustibles fósiles o los productos orgánicos derivados de ellos, que en épocas pasadas sí tuvieron un origen biológico. Si bien desde hace un tiempo la energía generada a partir de la biomasa puede convivir con la energía fósil, de cara al futuro es posible que la sustituya definitivamente en determinados sectores e industrias. Por eso, es de vital importancia perfeccionar las técnicas para su obtención y optimizar los resultados de los cultivos. Si esto se logra, probablemente carezca de obstáculos para convertirse en la energía capaz de poner en funcionamiento el planeta. Existen cinco tipos de biomasa (ver recuadro). La principal –y más común en su utilización– es la primaria, formada por la materia orgánica vegetal y sus residuos.

34

Tipos de biomasa	Características
Primaria	Es la materia orgánica formada directamente de los seres fotosintéticos. Comprende la vegetal, incluidos los residuos agrícolas y forestales.
Secundaria	Es la producida por los seres heterótrofos que utilizan en su nutrición la biomasa primaria. La constituyen la materia fecal y la carne de los animales.
Terciaria	Es la producida por los seres que se alimentan de biomasa secundaria, por ejemplo los restos y deposiciones de los animales carnívoros que se alimentan de herbívoros.
Natural	Es la que producen los ecosistemas silvestres.
Residual	Es la que se puede extraer de los residuos agrícolas y forestales, o sea, de las actividades humanas.

Estado	Características
Sólido	Es el producto residual que deriva de materia orgánica de origen vegetal o animal. Entre ellos, los más usados son residuos agroindustriales, astillas, leñas y productos obtenidos a partir de la transformación de la madera.
Líquido	Es el que se obtiene a partir de aceites vegetales, grasas de animales y cultivos con alto contenido de azúcar. Es considerado el biocombustible más importante de la energía de biomasa, ya que busca reemplazar la energía generada por el petróleo pero bajo mejores condiciones. Es renovable y menos contaminante. Se destacan el bioetanol y el biodiésel.
Gaseoso	Es generado a partir de la descomposición de la materia orgánica sin presencia de oxígeno. Llamado biogás, es considerado un biocombustible que brinda apoyo en el abono y el acondicionamiento de los suelos.

MÉTODOS DE OBTENCIÓN

En función de la procedencia de la biomasa –es decir, el tipo de cultivo del que provenga–, se pueden identificar y utilizar diferentes métodos para producir biocombustibles. Existen los biotecnológicos, que se realizan por medio de la fermentación y la digestión microbiana anaeróbica; los termoquímicos, a través de la combustión y la gasificación; los mecánicos, por medio de astillado, trituración y compactación; y los extractivos, entre otros. Como cada técnica depende del tipo de biomasa disponible, en el caso de un material seco, por ejemplo, puede convertirse en calor directamente por combustión, que producirá vapor para generar energía eléctrica. En cambio, si contiene agua se puede realizar la digestión anaeróbica, que lo convertirá en metano, o se puede fermentar para producir alcohol, o convertir en hidrocarburo por reducción química. Si se realiza una técnica termoquímica, en tanto, es posible extraer metanol, aceites o gases.

Las plantas de producción se adecuan a las condiciones de la materia prima y a su elaboración.

Los biocombustibles de primera generación compiten directamente con la industria de alimentos, y generan diversos interrogantes en torno a su sustentabilidad.

Los biocombustibles de segunda generación utilizan una materia prima que no deriva directamente de la producción de comestibles, de manera que no compiten con la industria alimentaria.

PRIMERA GENERACIÓN *Vs.* SEGUNDA GENERACIÓN

Los biocombustibles de primera generación se producen a partir de azúcar, almidón o aceite, presentes en infinidad de materias vegetales, es decir, son aquellos provenientes de la biomasa de cultivos agrícolas destinados a la alimentación de los seres humanos. Estos tipos son producidos con tecnología convencional como la fermentación (para azúcares y carbohidratos), la transesterificación (para aceites y grasas) y la digestión anaerobia (para los desperdicios orgánicos). En cambio, los biocombustibles de segunda generación utilizan una materia prima que no deriva directamente de la producción de comestibles, de manera que no compiten con la industria alimentaria. Su principal problema es que las tecnologías que los producen son más complejas y tienen un costo económico mayor, aunque su viabilidad es una opción que evoluciona constantemente. Claro que el mismo biocombustible puede ser de primera o de segunda generación en función de la procedencia de su biomasa.

40

BIOETANOL

El bioetanol se elabora a partir de alcoholes producidos biológicamente por la acción de microorganismos y enzimas. La forma más común es por medio de la fermentación de azúcares (la más popular), de almidones (que es más difícil) o de celulosa (aún más compleja). Es considerado una alternativa óptima para la gasolina actual, ya que un motor convencional puede funcionar sin ningún problema con bioetanol, o puede ser mezclado con gasolina en cualquier porcentaje. Es uno de los biocombustibles más utilizados a escala mundial.

El etanol obtenido a partir de celulosa es considerado de segunda generación y puede provenir de pastos perennes, restos de cosechas, tallos de maíz, bagazo de caña, árboles de rápido crecimiento, residuos orgánicos municipales o cualquier material orgánico.

BIODIÉSEL

Es el biocombustible más común en Europa y Latinoamérica. Puede ser de origen vegetal, animal o de materias recicladas. Se diferencia del diésel fósil por contar con una muy baja cantidad de carbono y con un alto grado de hidrógeno y oxígeno, lo cual mejora la combustión y, obviamente, reduce las partículas de emisión del carbono no quemado. Los países que mayor consumo de biodiésel tienen un elevado parque de transporte pesado (camiones), cuyas distancias de traslado son extensas, por lo que las empresas obtienen mayor rentabilidad en cuanto al consumo de combustible, al tiempo que resultan más amigables con el ambiente. Se puede producir biodiésel de segunda generación a partir de algas con alto contenido de lípidos. El aceite extraído de estas algas se puede transformar en biodiésel mediante el proceso de transesterificación (similar al que se utiliza para producir el biocombustible de primera generación). De las algas también se obtienen almidones, los cuales pueden convertirse en etanol, y poseen gran valor nutricional como fertilizante para cultivos. Los científicos las definen como el «petróleo biológico».

41

BIOGÁS

Como su nombre lo indica, es un biocombustible gaseoso que puede ser producido no solo a partir de biomasa sino mediante la fracción biodegradable de los residuos. Puede reemplazar al gas natural como lo conocemos, tanto para alimentar motores como para uso doméstico. Su principal componente es el metano y se obtiene a través de un sistema de procesamiento de desechos, es decir, un tratamiento biológico-mecánico. Puede ser purificado hasta alcanzar una calidad similar a la del gas natural. El biometano y el gas de síntesis (*syngas*) son las alternativas como biocombustibles gaseosos de segunda generación.

EL BIOETANOL

El alcohol como surtidor de energía

Posicionado como una de los biocombustibles con más perspectivas en todo el mundo, su industria encuentra divergencias a la hora de llevar al límite las cosechas. Brasil y su impactante mercado interno, accionados mediante este biocombustible.

El bioetanol se produce a partir de la fermentación de azúcares por medio de levaduras.

DERIVADO DEL ALCOHOL

El alcohol etílico o etanol –como se lo conoce popularmente– ha sido elaborado desde la antigüedad. En sus comienzos era un componente líquido que por lo general se utilizaba en la preparación de bebidas, así como de algunos medicamentos. Con posterioridad, se implementó en las lámparas para generar iluminación. Sin embargo, su auge sobrevino a partir de la invención del automóvil, ya que, como combustible, fue una alternativa que algunos fabricantes automotrices vieron con buenas perspectivas.

El bioetanol es un alcohol etílico de alta pureza, anticorrosivo y oxigenante, que puede ser empleado como combustible mezclándolo con gasolina en diferentes proporciones. Se obtiene a partir de biomasa de origen vegetal que contenga azúcares simples o algún compuesto que pueda convertirse en azúcares, como el almidón y la celulosa. Las principales especies vegetales a partir de las cuales se puede obtener son el maíz, la caña de azúcar, el trigo, el sorgo, la cebada y la remolacha. Al ser una biomasa de origen vegetal, el bioetanol es considerado una fuente de energía renovable y su empleo disminuye ampliamente la emisión de gases contaminantes a la atmósfera, lo que constituye un

PRODUCCIÓN Y CONSUMO

En 2019 los principales productores de alcohol como combustible en el mundo fueron Brasil, Estados Unidos y Canadá. Brasil lo produce a partir de la caña de azúcar y lo emplea como combustible prácticamente de manera directa (un 95% de etanol) o como aditivo de la gasolina (con un 24% de etanol). En cambio, tanto Estados Unidos como Canadá utilizan el maíz como materia prima para producirlo, y es la biomasa de biocombustible más implementada a escala mundial, que puede adicionarse en diferentes proporciones a la gasolina. En materia de consumo, Brasil absorbe un tercio del etanol producido en el mundo, seguido por Estados Unidos y luego por China, según datos de 2019.

gran aporte para reducir la contaminación ambiental y, en consecuencia, el calentamiento global del planeta.

Generalmente, su elaboración se realiza a partir de la fermentación alcohólica por medio de levaduras. La función de estas levaduras es fermentar los azúcares simples que provienen de la biomasa, lo que da como resultado final etanol y dióxido de carbono. Según diferentes pruebas realizadas por ingenieros, una mezcla de gasolina con apenas un 5% de bioetanol permite reducir en un 3% las emisiones de gases de efecto invernadero por cada kilómetro recorrido por un vehículo, en comparación con el mismo trayecto utilizando gasolina pura. En cambio, con una mezcla de gasolina integrada con un 85% de bioetanol la reducción de emisiones alcanza el 70%. Este es el dato más importante para el medio ambiente.

47

CAÑA DE AZÚCAR Y MAÍZ, DOS OPCIONES POPULARES

Si bien la caña de azúcar es la fuente más atractiva para la producción de bioetanol –los azúcares que contiene son simples y fermentan directamente por las levaduras– tiene la desventaja de que resulta cara como materia prima. Por su parte, el maíz es rico en almidón, pero es un hidrato de carbono complejo que necesita ser transformado, primero, en azúcares simples (proceso que se denomina sacarificación), por lo cual suma un paso más en su cadena productiva, lo cual incrementa los costos de elaboración.

La caña de azúcar es una de las materias
primas más utilizadas a escala mundial
para producir bioetanol.

MELAZA, LA ESENCIA DE LA CAÑA DE AZÚCAR

La caña, como cualquier otro vegetal, realiza el conocido proceso de la fotosíntesis. Como el nombre lo indica, *fotosíntesis* significa armar algo a partir de la luz. Las plantas capturan la energía solar, toman el dióxido de carbono de la atmósfera, el agua del suelo y de las lluvias, y con eso fabrican desde oxígeno hasta celulosa, glucosa y sacarosa.

En invierno la caña concentra más sacarosa, se la cosecha y se la transporta a una molienda donde se la exprime. Allí empieza su proceso productivo, es decir, el momento en que el azúcar se «convierte» en bioetanol. Cuando se la exprime, por un lado se extrae un jugo que posee mucho azúcar y, por otro, una fibra remanente llamada bagazo. Este sobrante se puede quemar para producir calor y luego energía eléctrica (el mismo camino que hacen combustibles como el petróleo, el gas y el carbón). Lo que más importa en este caso es el jugo de la caña, que primero se decanta, luego se evapora y posteriormente se cocina para concentrar el azúcar. Este azúcar se cristaliza y se separa del líquido sobrante, la melaza, que luego se fermenta. La fermentación es una técnica muy antigua, en la que intervienen las bacterias de las levaduras. Las levaduras actúan sobre la melaza y generan fructosa y glucosa, que pasarán a ser alcohol (este mismo mecanismo se emplea en otros procesos, como el de la fabricación de cerveza, vino, pan y antibióticos). El último paso es la deshidratación: al eliminarse un porcentaje del agua, el alcohol hidratado se convierte en alcohol deshidratado, y así está listo para ser mezclado con la gasolina.

La mano de obra que emplea el cultivo de caña de azúcar es mayor que la de otras siembras, lo cual es muy positivo para la comunidad. En el proceso intervienen muchos profesionales, ingenieros y técnicos agrónomos, tanto en la etapa agrícola como en las industriales. Aunque también es una industria proclive a la explotación laboral en los campos de cultivo.

El almidón es el elemento principal
para la fabricación de bioetanol
a partir de maíz.

MAÍZ, EL ALMIDÓN COMO FUENTE

El proceso de obtención de bioetanol a partir de los cultivos de maíz arranca con la cosecha. Una vez efectuada esta, los granos son llevados a una planta donde se los acopia en grandes silos para su posterior utilización. La primera etapa del proceso es la molienda, donde se produce la rotura del grano para generar una mayor exposición del almidón, el principal elemento para la fabricación de etanol. Al almidón obtenido en la molienda se le agrega agua y una enzima llamada amilasa. Una vez disuelta en agua caliente, la amilasa transforma el almidón del maíz en azúcares simples o glucosa. A partir de ahí, se realizan diferentes análisis químicos para cuidar la calidad del producto.

A los azúcares obtenidos en el proceso anterior se les agrega levadura para llevar a cabo el proceso de fermentación. Este paso dura aproximadamente 60 horas y arroja como resultado una mezcla que contiene un 14% de alcohol. La mezcla fermentada pasa a la destilación, el proceso de purificación del etanol, cuando se separa del agua y los sólidos. La mezcla es expuesta a altas temperaturas; para ello se utilizan –en la mayoría de los casos– tres grandes columnas con platos en su interior donde circula el producto. Como el etanol se evapora a menor temperatura que el agua, se produce la separación de los elementos. Una vez concluido este proceso, se obtiene alcohol al 95% de pureza.

Finalizada la destilación, el proceso se divide en dos: por un lado, la anhidración para la purificación del etanol y, por otro, la separación y evaporación de los sólidos (proteínas, materias grasas y fibras) para la producción de burlanda de maíz, un subproducto que, por su alto contenido proteico, se emplea como alimento para vacunos, cerdos y aves con excelentes resultados. En la etapa de deshidratación, el etanol al 95% se transforma en bioetanol con un 99,5% de pureza; el grado de pureza requerido para su uso combustible.

Maíz Trigo Cebada Sorgo	·· ► **ALMIDONES**
	▼
	Hidrólisis

| Remolacha
Caña de azúcar
Melaza | ·· ► **AZÚCARES** ········ |

| | **Hidrólisis** |
| Madera
Residuos
de podas
Residuos
urbanos | ▲
·· ► **CELULOSAS** |

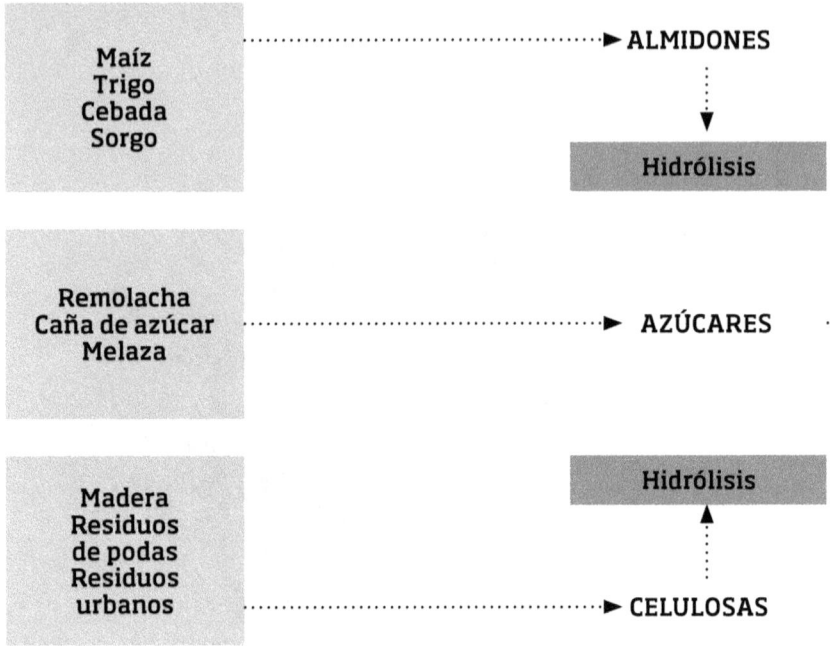

LA IMPORTANCIA
DE LA DESHIDRATACIÓN

La diferencia entre el alcohol destinado a combustible y el que consumimos en las bebidas es el porcentaje de agua que contienen. El puro se llama alcohol absoluto y carece por completo de agua. El alcohol fino –o medicinal– tiene un 5% de agua. El alcohol bebible posee un 50% de agua o más en bebidas destiladas como el whisky, el vodka y el ron, y entre un 84% y un 96% en las cervezas y vinos. ¿Qué pasa si a la gasolina le agregamos alcohol con un alto porcentaje de agua? Indefectiblemente, se producirán fallas en el vehículo. Por eso, para que un motor de combustión interna funcione con alcohol de la misma manera que con la gasolina, este alcohol debe estar deshidratado. A esto se debe que el proceso productivo del bioetanol culmine con la deshidratación de la materia.

| Fermentación Destilación | → Etanol hidratado → | Deshidratación | → Etanol |

53

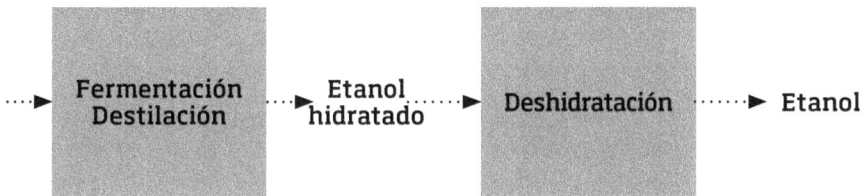

LAS VENTAJAS DEL BIOETANOL...

El hecho de ser un combustible renovable que se produce de manera local –cada país puede elaborar bioetanol para consumo interno– permite pensar en la posibilidad de independizarse del uso del petróleo en un futuro próximo. Como además el petróleo se halla en zonas de alta inestabilidad política y social –por lo cual su valor aumenta inesperadamente y de forma abrupta–, la inversión en tecnologías para producir biocombustibles es aún más provechosa para los países importadores de crudo. Por otra parte, cumple las veces de «oxigenante» para la gasolina, por lo cual colabora con el medio ambiente al reducir la emisión de gases contaminantes, y al contar con un mayor octanaje que la gasolina, se quema mejor y produce una mayor potencia en los motores.

... Y LAS DESVENTAJAS

El bioetanol se consume casi un 30% más rápido que la gasolina, por lo que la autonomía de los vehículos se reduce de manera notable. Por esta razón, su precio en el mercado debe ser decididamente más económico que la gasolina para que su producción sea sustentable y los países promuevan su elaboración. En las plantaciones de caña de azúcar, las condiciones laborales son muy precarias: en Brasil existen múltiples organizaciones no gubernamentales que buscan proteger a los trabajadores y regular esta situación que, en muchos casos, alcanza el grado de explotación laboral. En varias zonas donde se utiliza esta materia prima se continúa con la práctica de quemar las plantaciones antes de cosecharlas, lo cual libera grandes cantidades de metano y óxido nitroso, que –como se sabe– son dos gases que tienen incidencia directa en el efecto invernadero. Por otro lado, para producir el vapor con que trabajan las máquinas en las fábricas que elaboran bioetanol a partir de las plantaciones de maíz es vital la utilización de gas natural o carbón. Su proceso productivo no solo presenta esta desventaja, sino que además los cultivos de maíz requieren la implementación de fertilizantes y herbicidas de origen fósil.

PROÁLCOOL Y FLEX, DOS PLANES EXITOSOS EN BRASIL

Todos los países productores de etanol tienen sus propias materias primas para su elaboración. Por citar algunos ejemplos, en Estados Unidos la principal fuente es el maíz, en Suecia la madera y en Brasil la caña de azúcar. Veamos en profundidad este último caso, uno de los más importantes y evolucionados del mundo, ya que se produce y utiliza en el mercado local desde hace mucho tiempo.

La industria del etanol en Brasil nació como consecuencia natural de la producción de azúcar. Transcurría la década de 1920 cuando el primer intento por utilizar etanol como combustible empezó a materializarse: en 1925 el primer automóvil propulsado por etanol fue conducido desde Río de Janeiro hasta San Pablo.

QUÍMICA APLICADA

La fórmula química del alcohol etílico es C_2H_5OH y su fórmula extendida es CH_3CH_2OH. Por lo tanto, sus componentes químicos son el carbono, el hidrógeno y el oxígeno. La molécula está formada por una cadena de 2 carbonos (etano), en la que 1 H ha sido sustituido por un grupo hidroxilo (OH).

Después de la depresión de 1929, la industria azucarera brasileña se vio afectada por una grave crisis y la fabricación de etanol con los excedentes de las cosechas se convirtió en una alternativa interesante. Por ese entonces, el presidente Getúlio Vargas promovió la mezcla del etanol con gasolina, pero tiempo después el Estado paulatinamente le fue quitando apoyo y, sumado a la presión de los sectores económicos vinculados a las perforaciones petroleras, el crecimiento de la producción de alcohol para ser utilizado como combustible disminuyó drásticamente.

En 1973, el boicot árabe al petróleo causó que muchos países, incluido Brasil, tuvieran que pagar cada vez más caro el barril de crudo. Esta situación no solo generó una alta inflación en casi todas las economías del mundo, afectando de manera notable el desenvolvimiento de las sociedades por esos días, sino que «obligó» a buscar un sustituto para el petróleo. Así fue como Brasil sacó el máximo provecho de su enorme mercado interno de caña de azúcar para volver a producir etanol como combustible para estabilizar su economía. A este programa lo llamó «Proálcool».

A diferencia de otros momentos históricos, desde entonces el etanol para combustible comenzó a producirse a gran escala. Al principio, el objetivo fue mezclarlo con la gasolina para minimizar su uso. Y hacia la década de 1980 gran cantidad de vehículos integrantes del parque automotor de Brasil ya circulaban exclusivamente con etanol.

En 2003 se produjo un hecho que cambió la historia de la industria automotriz brasileña y sentó las bases para que otros países empezaran a trabajar seriamente en la elaboración de combustibles alternativos: la filial local de Volkswagen presentó el Gol Total Flex, un vehículo que, impulsado por un motor de 1,6 litros, podía alimentarse con gasolina mezclada con cualquier

Brasil es uno de los países más desarrollados en materia de producción y consumo de bioetanol. Un ejemplo imitado por otras nacionalidades.

porcentaje de etanol o, en su defecto, con etanol puro (E100). Lógicamente, el resto de las automotrices radicadas en Brasil también lanzaron sus propios modelos con esa misma tecnología. El éxito fue inmediato y el parque automotor impulsado por el sistema Flex creció exponencialmente.

¿Cómo funciona? El sistema Flex es capaz de reconocer y adaptar, automáticamente, las funciones de gerenciamiento de la planta mecánica en cualquier proporción de mezcla de alcohol y gasolina. Luego de la quema del combustible, un sensor de oxígeno (también conocido como sonda Lambda) envía una señal a la central electrónica, que empieza el proceso de reconocimiento del combustible. Hacia 2020, este biocombustible está siendo adoptado en Brasil en vehículos híbridos que operan con dos impulsores, uno de combustión interna y otro eléctrico, lo que incrementa aún más la capacidad de reducir las emisiones de CO_2 y otros agentes contaminantes.

56

AMBIENTALISTAS: LA OTRA CARA DE LA MONEDA

Muchas agrupaciones ambientalistas aseguran que el bioetanol no solo no es más limpio para el entorno sino que además es más «sucio». Esto se debe a que, a diferencia de la gasolina, el bioetanol no puede ser transportado por tuberías porque se degrada. Ergo, implica poner en marcha más camiones contaminantes. Para los ambientalistas, la distribución del biocombustible en un país del tamaño de Brasil o Estados Unidos es una cuestión que todavía genera dudas acerca de su viabilidad y propagación como alternativa a la gasolina. Por otra parte, el incremento en la demanda de bioetanol ha llevado a una gran expansión del cultivo de maíz y de caña de azúcar, lo que significa que muchas más hectáreas

TOTAL A PAGAR

LITROS

R$

PREÇO POR LITRO

E Etanol

BR

se destinan a la producción de monocultivos. La pregunta de las organizaciones ambientalistas es concreta: ¿cuántos alimentos de nuestros suministros estamos dispuestos a sacrificar para generar combustible? En México, por ejemplo, el maíz es una parte esencial de la dieta diaria, y el incremento en la demanda de bioetanol en Estados Unidos llevó a que se disparen los precios de esa materia prima, tanto que a comienzos del siglo xxi el país azteca alertó sobre una posible crisis alimentaria.

Otras agrupaciones consideran que si bien el bioetanol es un combustible más limpio, sus efectos secundarios, como la destrucción de la biodiversidad, resultan agresivos para el medioambiente. Los pesticidas y herbicidas que se emplean durante el cultivo penetran las capas freáticas (acumulación de agua subterránea que se encuentra a una profundidad relativamente pequeña bajo el nivel del suelo) y envenenan el agua. Al eliminar otras formas de vida producto del monocultivo, se altera el ciclo de las lluvias, que estarán más concentradas durante el transcurso del año y caerán de una manera más torrencial. Además, cuando esto sucede, una sola variedad de planta no puede absorber toda la humedad. Los científicos y especialistas creen que, con el aumento de dos grados en la temperatura ambiental, habrá un cambio sustancial en todo el ecosistema.

EL BIODIÉSEL

La clave está en el aceite

Su variada producción permite que se desarrolle tanto en una planta industrial a gran escala como en el propio jardín del hogar. Las ventajas frente al diésel de origen fósil.

LÍPIDOS NATURALES

El biodiésel o FAME (Fatty Acid Methyl Ester) es, por definición, un biocombustible líquido producido a partir de aceites vegetales y grasas animales. A diferencia del bioetanol, las materias primas utilizadas para su elaboración son muchas y muy variadas. De hecho, prácticamente cualquier aceite vegetal puede ser empleado como insumo principal para su producción. Por supuesto, lo lógico es aprovechar la materia prima que abunde en cada región; por ejemplo, en Europa la elaboración del biodiésel se basa principalmente en aceite de colza, pero en las regiones más al sur, como en la zona mediterránea, se emplean los aceites de girasol. En América del Norte y del Sur, en cambio, la producción de este biocombustible se realiza mayormente con aceite de soja y maíz, mientras que en Centroamérica se aprovecha el aceite extraído de la palma, al igual que en varios países asiáticos. Es importante destacar que la calidad del biodiésel depende del tipo de materia prima utilizada y el proceso de producción. Otra alternativa interesante son los aceites usados, también denominados aceites de fritura, la opción más económica y ecológica, ya que la materia prima no tiene costo y, mediante su reutilización, se evita que terminen en las redes cloacales sin el tratamiento previo correspondiente.

Las propiedades del biodiésel son muy similares a las del diésel de origen fósil, e incluso el consumo, la potencia y el torque de los motores permanecen en valores prácticamente similares. Además, aumenta la vida útil de los motores debido a que posee un mayor poder lubricante. El biodiésel produce una correcta y completa combustión, sin requerir ningún tipo de modificación en los motores existentes. Estos pueden ser alimentados alternativamente con diésel, biodiésel puro (B100) o mezclados en cualquier proporción (B5, B10, B30 o B50), como se utiliza en la gran mayoría de los países.

Con la llegada del siglo XXI, el interés en el biodiésel cobró fuerza en sectores donde los trabajadores se encuentran expuestos a los gases de escape, como en las aeronaves, para controlar la polución en el área de los aeropuertos, y en locomotoras que enfrentan restricciones en su uso a raíz de su elevado grado de emisiones contaminantes.

LA PALMA, UN PROCESO SIMPLE Y RENDIDOR

El ciclo comienza de forma natural, al igual que la mayoría de las materias primas que originan el biodiésel: una fuente de energía, en este caso el Sol, brinda a las plantas la energía necesaria para llevar a cabo el proceso de fotosíntesis. Para obtener el aceite vegetal y producir biodiésel se requieren plantas oleaginosas como por ejemplo la palma, cuyo cultivo puede producir la mayor cantidad de litros de biodiésel por hectárea. De ella se obtienen las semillas (o frutos), que son llevadas a la planta de extracción, donde se separan los frutos de la cubierta (o cáscara) para posteriormente ser pasados por una prensa, donde se obtiene el aceite vegetal. Luego sigue el proceso de transesterificación y la destilación, que da origen al biodiésel y a la glicerina, ya sea por separación bajo presión o por decantador por gravedad. El producto final es sometido a la filtración del biodiésel que será usado como combustible. Finalmente, se realizan pruebas de pureza, viscosidad, densidad y acidez, para asegurar que cumpla con altos estándares de calidad.

66

PROCESO DE TRANSESTERIFICACIÓN

La obtención de biodiésel –y de glicerina, como producto secundario– se produce a partir de la reacción de transesterificación, que se efectúa entre un aceite vegetal (o grasa animal), constituido fundamentalmente por triglicéridos, con un alcohol de cadena corta (metanol o etanol, principalmente), mediante la presencia de un catalizador, que pueden ser ácidos homogéneos (sulfúrico, clorhídrico o fosfórico) o heterogéneos. En este primer paso se obtienen biglicéridos, luego monoglicéridos, y por último, glicerol. Al final de la reacción, se forma el éster metílico o etílico (un 90% aproximadamente), que ya puede ser utilizado como biocarburante, y la glicerina (en torno a un 10%), ya que no son miscibles, es decir que no se agrupan. La glicerina es un subproducto muy valioso que se emplea en una amplia cantidad de productos (tabaco, explosivos, fármacos, cosméticos, alimentos, bebidas, etc.), y si es bien aprovechada, puede solventar gran parte de los costos operativos de una planta instalada principalmente para elaborar biodiésel.

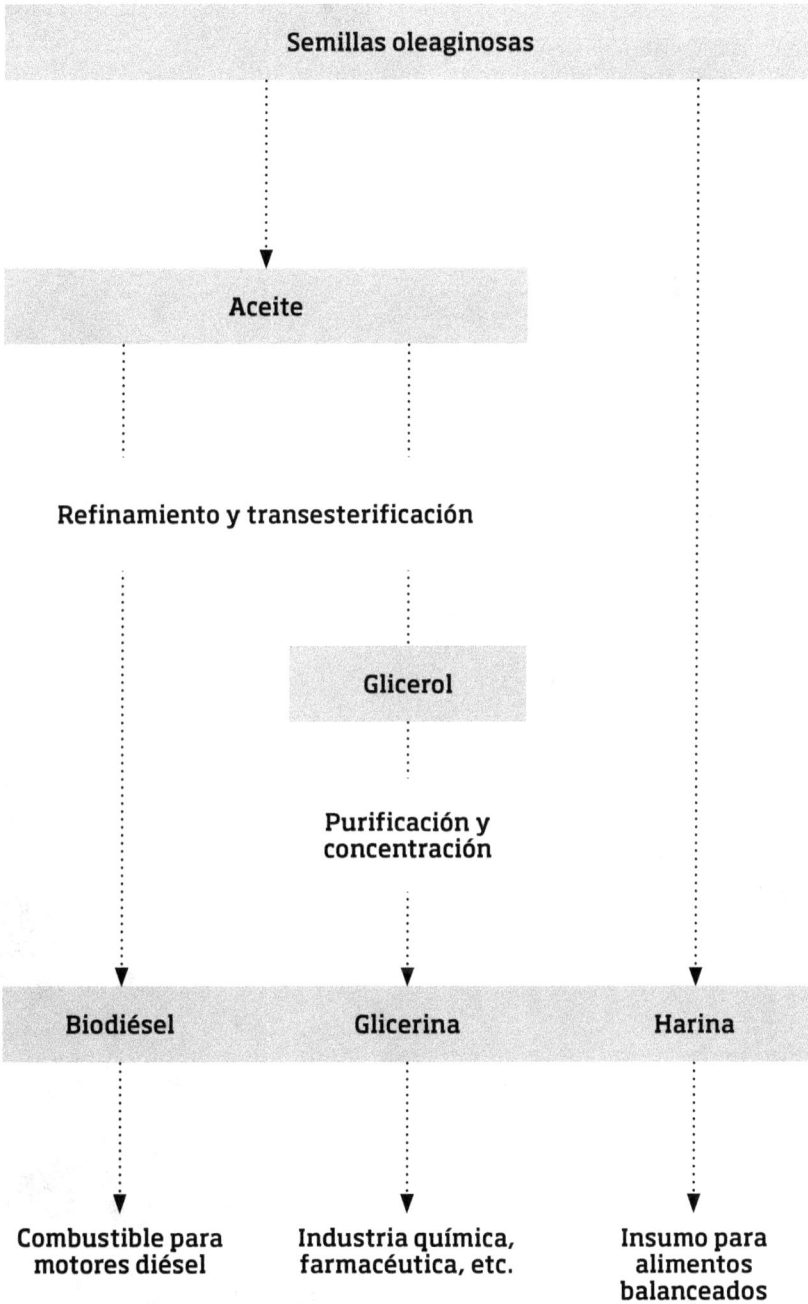

Semillas oleaginosas

Aceite

Refinamiento y transesterificación

67

Glicerol

Purificación y
concentración

Biodiésel	Glicerina	Harina

| Combustible para motores diésel | Industria química, farmacéutica, etc. | Insumo para alimentos balanceados |

El proceso para convertir aceites de cocina utilizados en biocombustibles es muy sencillo y puede practicarse en cualquier hogar.

QUÍMICA APLICADA

Dentro de la denominación genérica de biodiésel se incluyen los combustibles constituidos por metilésteres de ácidos orgánicos. Los ésteres son los compuestos químicos que se obtienen cuando se hace reaccionar un ácido de este tipo con un alcohol (metanol, etanol, propanol o butanol). Cuando el alcohol que se utiliza es el metílico (metanol, CH_3OH) se obtienen los metilésteres $R\text{-}COOH + CH_3\text{-}OH\ R\text{-}COO\text{-}CH_3 + H_2O$.

LOS BIOACEITES, EXPERIENCIA CASERA

Cuando se utilizan aceites desechados, el proceso de conversión se inicia mediante el filtrado del aceite para luego dejarlo asentar. A continuación se añaden alcohol y un catalizador para descomponer el aceite en moléculas más pequeñas. Los pasos siguientes son eliminar el agua y subproductos tales como la glicerina. Puede parecer complejo pero es una experiencia sencilla que puede llevarse a cabo en cualquier hogar, con muy pocos elementos. El proyecto de reciclaje de aceite tiene un fuerte componente social, ya que la implementación de esta materia prima permitiría reducir notablemente las emisiones contaminantes, abaratar los costos del combustible y extender la vida útil de los motores. Es un desafío para la industria de biocombustibles pero también para los países en cuanto a concienciación social.

DIÉSEL, UNA IDEA VEGETAL

Los motores diésel funcionan con más eficiencia de combustible que los motores de gasolina. Esto se debe a que las relaciones de compresión son mucho más altas y también a una mayor duración de la combustión. Su inventor, Rudolf Christian Karl Diesel, fue un ingeniero alemán nacido en París que comenzó a trabajar en el desarrollo de un motor que fuera más eficiente que los de su época, los cuales requerían aplicar externamente el encendido a la mezcla interna de aire y combustible. Diesel estaba interesado en utilizar el polvo de carbón o el aceite vegetal (derivado del maní) como combustible, pero luego de algunas experiencias no muy fructíferas optó por un producto procedente del petróleo porque era más barato y fácil de conseguir. Diesel logró que, en un motor de un cilindro, el encendido se produjera internamente, comprimiendo el aire y calentándolo de tal manera que el combustible –que se pone en contacto con el aire justo antes del final del período de compresión– se encendiera por sí mismo. Luego de múltiples mejoras y avances, en 1898 recibió la patente de su «motor de combustión interna».

En 1936, Mercedes-Benz presentó en el Salón de Berlín el primer automóvil diésel de producción en serie, cincuenta años después del de gasolina. Los motores diésel de la actualidad son versiones refinadas y mejoradas del concepto original de su creador y a menudo se usan en automóviles, camiones, maquinaria agrícola, submarinos, barcos, locomotoras y en plantas generadoras de electricidad, entre otros. Por supuesto, continúan basándose fundamentalmente en el desarrollo primitivo de su creador.

CONTAMINACIÓN: BIODIÉSEL *VERSUS* DIÉSEL

El biodiésel carece de sulfuro y reduce las emisiones de dióxido de carbono en un 78% respecto del diésel derivado del petróleo. Por lo que, de alguna forma, puede afirmarse que, cuando se quema el biodiésel, el porcentaje de dióxido de carbono lanzado a la atmósfera es reciclado por las plantas en crecimiento, que más tarde se procesan y se convierten en biocombustible. El biodiésel puro (B100) permite reducir entre un 57% (si se produce a partir de aceites vegetales crudos) y un 88% (si es fabricado con aceites vegetales usados) las emisiones de gases de efecto invernadero totales por cada kilómetro recorrido por un vehículo, en comparación con el diésel de origen fósil. Una mezcla de diésel con un 10% de biodiésel (B10) posibilita una reducción de emisiones contaminantes de entre el 6% y el 9%. Además, los compuestos que son frecuentes en el escape de los motores diésel basados en petróleo y en biodiésel son diferentes.

B100, EN CAMIONES Y ÓMNIBUS

En 2017, Scania Argentina realizó junto con la firma de servicios urbanos Cliba una serie de pruebas experimentales con el primer

Las ventajas del biodiésel son variadas y muy importantes respecto del diésel convencional. Tiene mayor lubricidad, genera menos dióxido de azufre y es más seguro de transportar, entre otras.

camión recolector de residuos impulsado 100% con biodiésel. Los resultados arrojados durante un año de trabajo –7 días a la semana, 16 horas por día– fueron más que positivos, dado que la unidad logró reducir la emisión de gases contaminantes en un 80% y la emisión de dióxido de azufre al 0%. Para realizar una evaluación correcta, se compararon dos camiones idénticos con similares recorridos, uno de ellos impulsado con diésel convencional y el otro con biodiésel 100% puro (B100). Durante el transcurso de la prueba se controló la facilidad de arranque (tanto en invierno como en verano), la calidad del aceite lubricante, los filtros, los inyectores y la limpieza de los tanques, para luego, una vez terminada la prueba, proceder al desarme completo del motor. Esto permitió comprobar que estaban en perfectas condiciones mecánicas y de limpieza interior. El contenido energético del biodiésel B100 no varía significativamente respecto del diésel fósil. Esto se debe a que el contenido energético de las grasas y aceites utilizados en la fabricación del biocombustible no cambia sustancialmente en relación con los componentes utilizados para producir el diésel de origen fósil.

El proyecto «Powered by biodiésel», que consistió en utilizar tres ómnibus alimentados únicamente con biodiésel producido con aceite de cocina reciclado (sin agregado de diésel fósil), finalizó en 2019 con excelentes resultados, tanto para Carris, la empresa de transporte público de Lisboa que proveyó los vehículos, como para Prio, una de las productoras de biocombustibles más importantes de Portugal, encargada de elaborar el biodiésel. Luego de un período de exhaustivas pruebas con las tres unidades B100, durante el transcurso de todo el año, ambas compañías coincidieron en las notables ventajas tanto económicas como medioambientales que ofrece la utilización de este tipo de combustible respecto del gas natural o mecánicas eléctricas. Según

Carris, los motores no tuvieron ningún tipo de modificación y solo experimentaron un ligero incremento en el consumo. Lisboa, considerada la Capital Verde europea de 2020, apuesta a movilizar toda su flota de transporte de pasajeros con B100, producido a partir de aceite de cocina reciclado.

LAS VENTAJAS DEL BIODIÉSEL...

Tiene mayor lubricidad que el diésel de origen fósil, por lo que extiende la vida útil de los motores. También es más seguro de transportar y almacenar, ya que tiene un punto de inflamación 100 °C mayor que el diésel fósil (el biodiésel podría explotar a una temperatura de 150 °C). Incluso permite al productor agrícola autoabastecerse de combustible, ya que lo puede elaborar –inversión previa– en sus propios campos. El biodiésel prácticamente no contiene azufre, por lo que no genera dióxido de azufre (SO_2), un gas que contribuye en forma significativa a la contaminación ambiental. Tampoco contamina fuentes de agua superficial ni acuíferos subterráneos.

... Y LAS DESVENTAJAS

Los costos de la materia prima suelen ser elevados. Por su alto poder solvente, el biodiésel debe almacenarse en tanques limpios, de lo contrario, los motores podrían ser contaminados con impurezas provenientes del interior de los depósitos. A bajas temperaturas (menos de 0 °C) presenta algunos problemas de fluidez y hasta congelamiento, por lo que su uso depende de las condiciones climáticas de cada región. Por otra parte, el contenido energético del biodiésel es algo menor que el del diésel (12% menor en peso y 8% en volumen), de modo que su consumo es ligeramente mayor.

ALMACENAMIENTO, TEMPERATURAS Y TRANSPORTE

La estabilidad del diésel y sus mezclas con biodiésel están relacionadas con su estabilidad de almacenamiento a largo plazo y con su equilibrio a diferentes temperaturas. Los aceites y las grasas vegetales contienen antioxidantes naturales, y ciertas formas de procesamiento pueden eliminar estos antioxidantes y reducir su estabilidad, que está muy relacionada con el nivel de insaturación de los ácidos grasos que lo componen: cuanto más saturados son dichos ácidos, más estable es el combustible. Las insaturaciones pueden reaccionar con el oxígeno y formar peróxidos, que a su vez se transforman en ácidos, sedimentos y gomas, y el calor y la luz solar aceleran este proceso.

El B100 es menos estable que sus mezclas con diésel, y las preocupaciones en climas fríos en torno al punto niebla son menores con las mezclas que con el biodiésel puro. El biodiésel podría solidificar a bajas temperaturas mucho más fácilmente que el diésel, sin embargo, las mezclas con menos del 20% mantienen las mismas propiedades de fluidez en frío que el diésel, y por debajo del 5% son prácticamente iguales.

El esquema de distribución más frecuente (debido a que los centros de producción de biodiésel y las refinerías suelen tener emplazamientos diferentes) consiste en transportar el biodiésel y el diésel por separado a una terminal intermedia, donde se cargan los camiones cisterna para su posterior distribución, en lugar de transportar el biodiésel a la refinería para su mezcla con diésel. Sin embargo, no hay impactos negativos para la operación de la refinería si allí se realiza la mezcla, a excepción de la necesidad de contar con un tanque específico para B100.

EL BIOGÁS

Energía a partir de residuos y desechos

Estiércol, orina, malezas, basura, forraje… toda materia orgánica puede convertirse en biogás de forma muy sencilla. Un simple biodigestor puede abastecer de energía calórica a zonas rurales, comarcas y pequeñas comunidades perdidas en el mapa. Y por supuesto, también sirve para alimentar motores de combustión interna.

En las plantas industriales se utilizan grandes tanques para el almacenamiento de los residuos y desechos.

DESECHOS Y RESIDUOS, LA CLAVE

El biogás puede ser empleado como combustible en las cocinas y la iluminación, y en grandes instalaciones, para alimentar un generador que produzca electricidad. Se puede obtener a partir de diversas fuentes, pero el método más rentable y sostenible consiste en usar desechos o aguas residuales. Se lo obtiene en un ambiente anaeróbico, por descomposición de la materia orgánica en ausencia de oxígeno y a través de la acción de cuatro tipos de bacterias: hidrolíticas, acetogénicas, homoacetogénicas y metanogénicas. El biogás está formado por la misma molécula que el gas natural, pero la gran diferencia es que constituye un recurso energético renovable, en tanto que el gas natural es fósil. Básicamente, el biogás se compone por una mezcla gaseosa de 55% a 70% de metano y de 30% a 45% de dióxido de carbono. Por supuesto, ambos se pueden usar en simultáneo.

Para garantizar su producción, se requiere un gran volumen de materia orgánica. Para ello, se confeccionan grandes estanques de recolección y almacenamiento, que son construidos principalmente de ladrillo u hormigón. Las instalaciones industriales de producción de biogás emplean también tanques de metal, que se utilizan –por separado– tanto para almacenar la materia orgánica como el propio biogás. Estos estanques o tanques se denominan

Alejandro Volta descubrió el
metano a fines del siglo xviii.

digestores. El biogás que se desprende de estos digestores es rico
en metano y puede ser empleado para generar energía eléctrica o
mecánica mediante su combustión, ya sea en plantas industriales
o para uso doméstico. Su técnica de producción permite resolver
parcialmente la demanda de energía en zonas rurales, ya que surge
a partir del reciclado de los desechos de la actividad agropecuaria.

82

La producción de biogás es una de las más consistentes desde
comienzos del siglo xxi, y su explotación ha proporcionado una
fuente energética renovable alternativa y sostenible frente al carbón y el petróleo.

ALEJANDRO VOLTA Y EL METANO

Cuando a finales del siglo xviii el químico y físico italiano
Alejandro Volta (1745-1827) identificó por primera vez el metano
como el gas inflamable formado en las burbujas que emergían
de los pantanos, desconocía la importancia que este gas ten-
dría para la sociedad en los siglos venideros. El metano, cuya
fórmula química es CH_4, alcanzó vital importancia durante el
desarrollo de la Segunda Guerra Mundial debido a la escasez de
combustibles. Con el fin de la contienda bélica y la mayor disponibilidad de combustibles fósiles, las productoras de metano
fueron cesando en su funcionamiento. Volta también inventó la
pila eléctrica en 1799, y a partir de 1881, en su honor, se conoce
con el nombre de voltio a la unidad de fuerza electromotriz del
Sistema Internacional de Unidades.

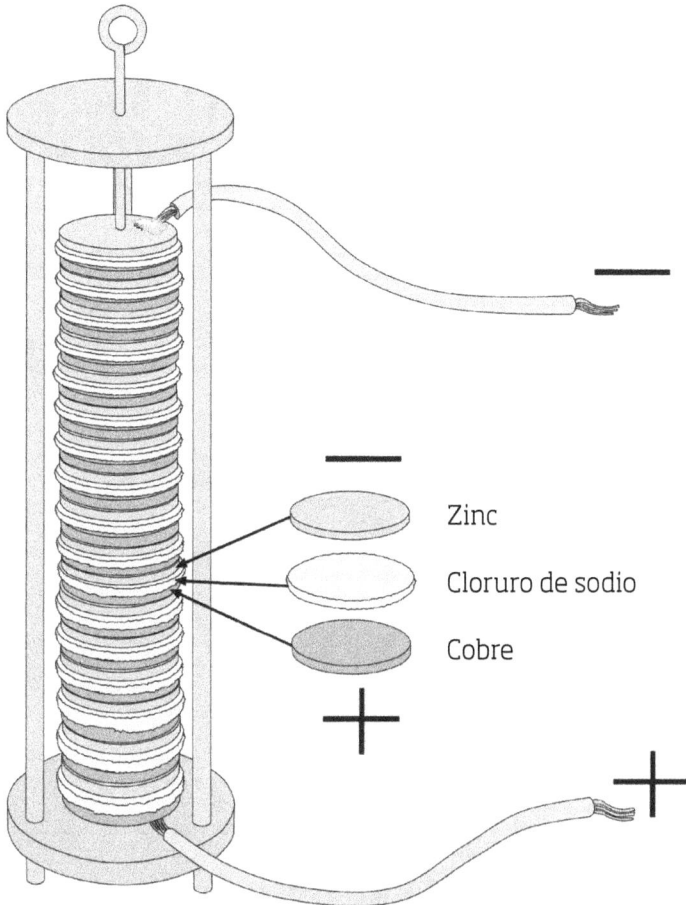

Zinc

Cloruro de sodio

Cobre

Residuos orgánicos de diversos orígenes

Animal	Estiércol, orina, guano, residuos de mataderos, residuos de pescados.
Vegetal	Malezas, rastrojos de cosechas, pajas, forraje en mal estado.
Humano	Heces, basura, orina.
Agroindustriales	Salvado de arroz (capas más externas), orujos, melazas, residuos de semillas.
Forestales	Hojas, vástagos, ramas y cortezas.
Cultivos acuáticos	Algas marinas y malezas acuáticas.

QUÍMICA APLICADA

El biogás es una mezcla gaseosa formada principalmente por metano y dióxido de carbono, además de diversas impurezas. Cuando el biogás tiene un contenido de metano superior al 45%, es inflamable. La composición depende principalmente del material digerido y del funcionamiento del proceso. Así, el biogás puede contener entre un 55% y un 70% de metano, entre un 30% y un 45% de dióxido de carbono, y aproximadamente un 5% de trazas de otros gases (considerados impurezas). El poder calorífico del biogás ronda entre los 6 y 6,5 kWh/Nm^3, es decir, un equivalente en combustible de 0,6 a 0,65 litros de petróleo por metro cúbico de biogás.

LA DIGESTIÓN, ANAERÓBICA

Para la producción de biogás se utiliza la digestión anaeróbica, un proceso biológico degradable en el que diversos grupos de microorganismos digieren la materia orgánica (los residuos de diferente procedencia) en ausencia de oxígeno, y producen metano, dióxido de carbono y pequeñas cantidades de otros componentes, como nitrógeno (N), hidrógeno (H) y sulfuro de hidrógeno (H_2S), entre otros. Además, mediante este proceso también es posible convertir gran cantidad de residuos en otros subproductos útiles. Más del 90% de la energía disponible por oxidación directa se transforma en metano, y se consume solo un 10% de la energía en el crecimiento bacteriano, frente al 50% consumido en un sistema aeróbico. Justamente, la digestión aeróbica se diferencia de la anaeróbica porque los procesos biológicos degradables se efectúan en presencia de oxígeno, formando productos finales gracias a la oxidación de la materia.

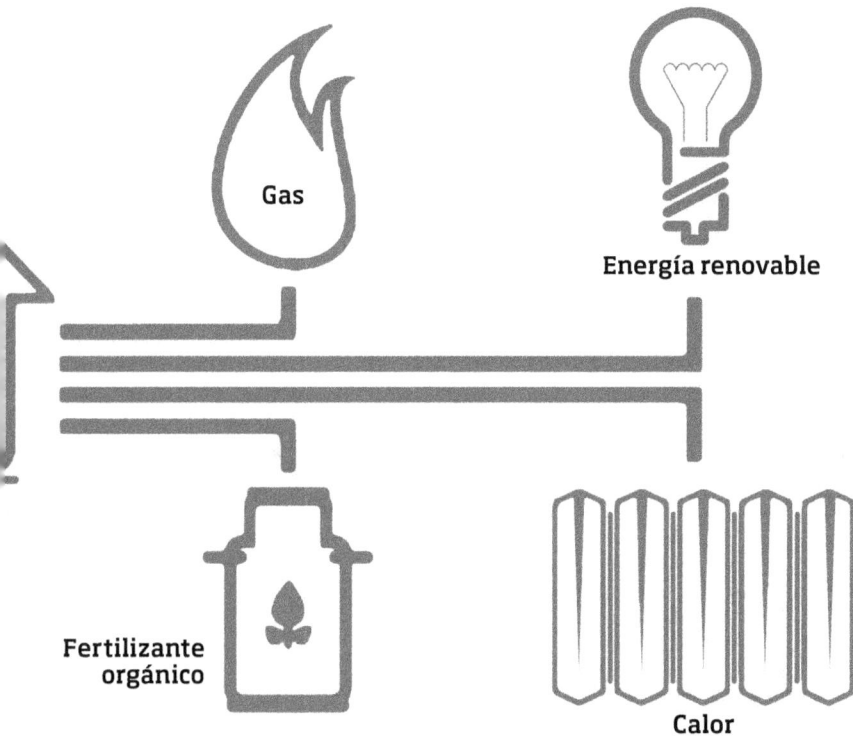

Gas

Energía renovable

Fertilizante
orgánico

Calor

LAS CUATRO ETAPAS

El proceso de producción de biogás mediante digestión anaeróbica de la materia orgánica se divide en cuatro etapas: la hidrólisis, la acidogénesis, la acetogénesis y la metanogénesis. Para iniciar el proceso de descomposición anaeróbica es necesario que los compuestos orgánicos puedan atravesar la pared celular y así aprovechar la materia orgánica. La hidrólisis es la descomposición biológica de polímeros orgánicos en moléculas más pequeñas (monómeros y dímeros) que puedan atravesar dicha membrana. Este proceso se lleva a cabo por medio de enzimas denominadas hidrolasas, que pueden solubilizar la materia orgánica y romper enlaces específicos con la ayuda de agua para ser utilizadas. En esta etapa, es vital el tiempo del proceso de producción del biogás, que puede verse afectado por varios factores (temperatura, tamaño de las partículas, composición bioquímica del sustrato,

Digestores anaeróbicos en la zona rural de Alemania que producen biogás a partir de residuos agrícolas.

etc.). Durante la acidogénesis se produce la transformación de las moléculas orgánicas solubles en compuestos que pueden ser aprovechados por las bacterias metanogénicas como acético, fórmico e hidrógeno. Además, durante el transcurso de este proceso se elimina cualquier traza de oxígeno presente en el biodigestor. En la tercera fase, la acetogénesis, se aceleran los procesos metabólicos bacterianos, con transformación enzimática de lípidos, polisacáridos, proteínas y ácidos nucleicos en otros compuestos que serán utilizados como fuentes de energía y como transformación a carbono celular. La metanogénesis es la etapa final de la digestión anaerobia. Aquí, las bacterias metanogénicas actúan sobre los productos concebidos en las etapas anteriores y completan el proceso de descomposición anaeróbica mediante la producción de metano.

La formación de metano se da a partir de dos vías principales: la acetoclástica, en la que los microorganismos crecen principalmente en su sustrato (acetato), y la hidrogenotrófica, cuando los microorganismos crecen en sustratos como hidrógeno y dióxido de carbono.

ENERGÍA TÉRMICA Y ELECTRICIDAD, LA PRIMERA OPCIÓN

El uso más simple del biogás es la obtención de energía térmica. En aquellos lugares donde los combustibles son escasos, los sistemas pequeños de producción de biogás pueden proporcionar la energía calórica para actividades básicas como cocinar o calentar agua. Los quemadores de gas convencionales se pueden adaptar fácilmente para operar con biogás, tan solo cambiando la relación aire-gas. Incluso el requerimiento de calidad del biogás no es determinante.

Un metro cúbico de biogás totalmente combustionado es suficiente para generar 1,25 kW/h de electricidad, abastecer durante 6 horas a una lámpara de 60 watts, hacer funcionar un refrigerador de 1 m³ de capacidad durante 1 hora, a una incubadora de 1 m³ durante 30 minutos o a un motor de 1 CV durante el transcurso de 2 horas.

Los sistemas combinados de calor y electricidad utilizan la electricidad generada por el combustible y el calor residual que se genera. La mayoría de estos sistemas combinados producen principalmente calor y la electricidad es secundaria. De esta manera, aumenta la eficiencia del proceso, en contraste con la utilización del biogás para producir solo electricidad o calor.

UN SISTEMA SIMPLE Y NATURAL

Un biodigestor es un sistema natural que aprovecha la digestión anaerobia de las bacterias que ya habitan en el estiércol, para transformarse en biogás y fertilizante. Inicialmente, el fertilizante era considerado un subproducto originado en este proceso, pero tras comprobarse que su implementación mejora el rendimiento de las cosechas, se volvió casi tan importante como el biogás.

Los biodigestores familiares de bajo costo están ampliamente desarrollados en zonas del Sudeste asiático, donde esta tecnología está muy arraigada, así como en países subdesarrollados de Sudamérica y en regiones apartadas de las grandes urbes. Construidos a partir del cavado de una zanja para establecer los estanques de recolección y la implementación de films y tubos de polietileno, se caracterizan –además de su economía de arquitectura– por su fácil instalación y mantenimiento. Los tubos son los encargados de llevar directamente el biogás desde los estanques de recolección hasta las casas, por medio de diferentes conexiones y empalmes. El hermetismo es esencial para que se produzcan las reacciones biológicas anaerobias. De esta manera, en zonas rurales donde las familias –no necesariamente dedicadas a la agricultura– tienen pequeñas cantidades de ganado, aprovechan el estiércol para producir su propia fuente de energía, su propio biogás. Además, al ser introducido diariamente en el biodigestor familiar, el foco de infección, olores y moscas que suele generar el estiércol en las proximidades de estas viviendas deja de ser un problema. La combustión del biogás no produce humos visibles y su carga en ceniza es infinitamente menor que el humo proveniente de la quema de madera, materia prima que suele utilizarse en las zonas rurales para generar energía calórica.

En varios países subdesarrollados o regiones apartadas de las grandes urbes la instalación de biodigestores «caseros» es muy común.

90

EN LOS VEHÍCULOS, TAMBIÉN

El uso del biogás en vehículos es posible, y de hecho se viene empleando desde hace bastante tiempo. Para esto, debe tener una calidad similar a la del gas natural, a fin de aplicarse en vehículos acondicionados para el funcionamiento con gas natural comprimido (GNC). Además del sistema de alimentación convencional –ya sea motor de gasolina o diésel–, los vehículos convertidos incorporan un sistema de suministro independiente que se abastece del gas almacenado en un tanque (o tubo) destinado a ese fin.

Entre sus fortalezas se destaca que el gas obtenido por fermentación tiene un octanaje que oscila entre 100 y 110, por lo cual resulta propicio para trabajar con motores con una elevada relación de compresión. Sin embargo, tiene varias debilidades, como por ejemplo su baja velocidad de encendido (de hecho, no es conveniente arrancar el motor de gas con temperaturas muy bajas), la menor autonomía

disponible a partir de su compresión, su almacenaje en tubos que aumentan el peso de los vehículos y disminuyen su capacidad/espacio de carga, el costo de instalación del equipo y, obviamente, la pequeña red de abastecimiento en algunos países.

INDIA, PRECURSORA

Según los expertos, la primera instalación doméstica para producir biogás se habría construido en India, a comienzos del siglo XX. Cien años después este país alberga en su territorio una cifra impresionante de biodigestores, tanto industriales como familiares. El estiércol bovino fue la clave durante la década de 1960, ya que a partir de esta materia prima se impuso la tecnología de producción de biogás. Además de su aprovechamiento energético, con los biodigestores también podían obtener un fertilizante rico para los cultivos. Ya a principios de los años 1980, el sistema servía como forma de recuperación energética en explotaciones agropecuarias y agroindustriales. No bien comenzado el siglo XXI, India volvió a impulsar con fuerza la elaboración de biogás a escala industrial.

TECNOLOGÍAS EN DESARROLLO

La evolución en un plano más saludable

Los biocombustibles encuentran en las nuevas tecnologías formas más sustentables y ecológicas para su producción y expansión. La biomasa de procedencia no cosechable permite evolucionar, sin atentar contra la producción de alimentos. Hidrobiodiésel y microalgas, en la cresta de la ola.

SEGUNDA GENERACIÓN: MÁS ECOLÓGICOS

Los biocombustibles de segunda generación (2G) tomaron gran impulso con la llegada del siglo xxi, después de un crecimiento sostenido durante las primeras décadas. Como mencionamos ya, existen dos aspectos fundamentales que diferencian a los biocombustibles de segunda generación de los de primera: 1) se obtienen a partir de materias primas que no tienen una función alimentaria; y 2) se producen con procedimientos tecnológicos más ecológicos y avanzados. La biomasa para producir combustibles de segunda generación se puede originar en cultivos sembrados en tierras «secundarias», que no se emplean para el cultivo de alimentos. A raíz de esto pueden surgir nuevas materias primas, nuevas tecnologías y, por ende, nuevos productos finales. Ambas cuestiones pueden promover, en paralelo, el desarrollo agrícola y agroindustrial de diferentes regiones.

Elaborar un biocombustible a partir de plantaciones en tierras menos costosas –no agrícolas– que en las de un cultivo tradicional y que, a su vez, ese cultivo sea íntegramente utilizado para producir alimento, es todo un desafío a futuro. Así se evitan dos inconvenientes: los monocultivos (a partir de materias primas no alimentarias) y el alza en los precios de los

alimentos. De esta manera, quedaría acallada la polémica sobre la sustitución y expansión indiscriminada de los cultivos generados para producir biocombustibles, en lugar de alimentos (con el riesgo social que acarrea sustituir alimentos por biocombustibles). Sin embargo, los altos costos de su fabricación imposibilitan que aún se puedan elaborar a gran escala. Ante esta situación, los biocombustibles de segunda generación necesitan incentivos financieros sostenibles para su producción y comercialización en todo el mundo.

En términos técnicos, un biocombustible desarrollado a partir de biomasa 2G se puede mezclar sin problemas con otros biocombustibles, hecho que colabora en la disminución de los niveles de gases de efecto invernadero, por lo cual con estos nuevos productos se abre la posibilidad de obtener combustibles aún más respetuosos con el ambiente.

Los biocombustibles 2G representan un desafío para los países en vías de desarrollo, ya que están obligados a introducir innovaciones tecnológicas necesarias para explotarlos consecuentemente. De todas formas, durante la segunda década del siglo XXI cobraron mayor protagonismo los biocombustibles de segunda generación desarrollados a partir del bioetanol y del biodiésel. Así, el bioetanol puede producirse a gran escala y con mucha eficiencia utilizando plantaciones de árboles, mientras que el biodiésel puede elaborarse a partir de microalgas marinas, lo que aún es más beneficioso para disminuir definitivamente la presión sobre los campos de cultivo.

LOS PROS Y LOS CONTRAS

Además de evitar «competir» con la industria alimentaria, de incentivar la silvicultura y frenar la deforestación al no utilizar áreas no agrícolas para obtener la materia prima (en algunos casos, hasta podría servir para recuperar terrenos erosionados), la producción de biocombustibles de segunda generación no requiere el uso masivo de agroquímicos (fertilizantes, pesticidas, agua, etc.), puede utilizar la biomasa procedente de desechos industriales o de consumo humano, incentiva el desarrollo tecnológico en busca de nuevos (y más sanos) procesos productivos, reduce los costos de elaboración respecto de los biocombustibles de primera generación, además de ser más eficientes en la reducción de las emisiones de gases de efecto invernadero (principalmente, monóxido y dióxido de carbono).

En contrapartida, los elevados costos a los que se enfrenta la industria en esta primera parte del siglo XXI resultan todavía una encrucijada difícil de resolver. La imposibilidad de producirlos a gran escala es el primer escollo que los productores deben superar, ya que el bioetanol convencional de primera generación listo para usarse es mucho más económico que producir la celulosa que daría origen al bioetanol de segunda generación.

CELULOSA Y ALGAS

La biomasa proveniente de la celulosa (un polisacárido estructural en las plantas) puede ser una materia prima básica en la producción de biocombustibles 2G. La biomasa de celulosa puede provenir de los desperdicios de los aserraderos industriales (para proteger y diversificar el uso de los bosques) dedicados a la elaboración de muebles y otros productos de consumo final. Generar el bioetanol celulósico, además, no demanda grandes desarrollos tecnológicos porque su biomasa posee una estructura química difícil de descomponer. El álamo, el sauce de corta rotación y el mijo, entre otras especies, pueden ser generadores de biomasa para este biocombustible.

Los países con grandes zonas costeras y alta radiación solar (que favorece el proceso de fotosíntesis) tienen muchas ventajas para implementar el desarrollo de los biocombustibles a partir de las algas marinas. La masa de las algas marinas está compuesta, entre un 45% y un 75%, por aceites y lípidos, que representan potenciales recursos energéticos. Además, como tienen un balance energético muy elevado, se necesita una menor cantidad de masa para producir la misma cantidad de biocombustibles que con otras materias primas. Por supuesto, a diferencia de la palma, la soja y cualquier otra planta oleaginosa, para su producción no es necesario el uso de tierras.

El bioetanol celulósico es un biocombustible de segunda generación cuya elaboración es relativamente sencilla y su utilización es menos contaminante.

HIDROBIODIÉSEL:
EN PLENA EXPANSIÓN

Este biocombustible logró gran aceptación en Europa durante los primeros años del siglo XXI y se posiciona como el de mayor penetración en dicho continente. Al igual que el biodiésel, la materia prima utilizada es el aceite derivado de vegetales o grasas animales. Lo que cambia es el proceso de producción, ya que en una planta de *hydrocracking* (o hidrotratamiento) se llevan a cabo dos funciones principales: la rotura de las cadenas con alto peso molecular para obtener productos más livianos y la eliminación de sustancias no deseadas, como nitrógeno y azufre. Durante este proceso, la presencia de hidrógeno desencadena distintas reacciones (hidrodesoxigenación), que logran romper los enlaces C-O de los triglicéridos para originar hidrocarburos similares a los que están presentes en el diésel tal como lo conocemos.

Según los especialistas del sector, el comportamiento del hidrobiodiésel en los motores es mucho mejor que el biodiésel convencional porque tiene la misma composición química molecular que un diésel 100% de origen fósil. Se trata de un método de refinería que usa elevadas temperaturas y presiones, cuyo resultado se conoce como «diésel verde».

El Hydrogenated Vegetable Oil (HVO), como se lo denomina en inglés, presenta una serie de ventajas técnicas respecto del biodiésel de primera generación. Entre estas podemos destacar que se comporta mejor en climas con temperaturas muy bajas; tiene un mayor índice de cetano (el tiempo que transcurre entre la inyección del combustible y el comienzo de su combustión), que asegura una combustión limpia y eficiente, proporcionando un mayor caudal de potencia; y posee buenas propiedades para su almacenamiento y un bajo costo de operación. Al igual que el biodiésel, se puede emplear en su totalidad o mezclado en cualquier porcentaje con diésel de origen fósil. En cuanto a las emisiones contaminantes, se estima que reduce un 33% la producción de partículas, un 9% los óxidos de nitrógeno, un 24% el monóxido de carbono y un 30% los hidrocarburos.

POR AIRE TAMBIÉN

Un antecedente sobre la eficiencia y gran rendimiento de este bio-combustible lo estableció en 2014 la compañía finlandesa Neste Oil –una de las más importantes y avanzadas en cuanto a pro-ducción de hidrobiodiésel en el mundo–, encargada de proporcio-nar el «diésel verde» para que un Boeing 787 Dreamliner (inte-grante del programa ecoDemostrator del gigante de la aviación) realizara un vuelo de prueba durante 45 minutos empleando una mezcla de un 15% de hidrobiodiésel y un 85% de carburante de aviación. La utilización de este biocombustible reduce entre un 50% y un 90% las emisiones de carbono, comparado con los com-bustibles fósiles, pero aún no hay suficiente capacidad productiva como para que sea adoptado por la industria de la aviación comer-cial. Mientras, en 2017 Neste Oil anunció la producción del Neste MY Renewable Diesel, un hidrobiodiésel elaborado solo con resi-duos, como grasas animales, aceite de cocina utilizado y diversos remanentes procedentes del refinado de aceite vegetal (el desti-lado de ácidos grasos de palma y aceite de maíz, por ejemplo), con el objetivo de generar un biocombustible sano y limpio. Según la empresa, el Neste MY Renewable Diesel reduce las emisiones de gases de efecto invernadero un 90% comparado con el diésel fósil convencional, y sus propiedades son mejores o idénticas a los más modernos combustibles fósiles.

MICROALGAS, LAS MÁS «LIMPIAS»

Las microalgas marinas representan un grupo bastante amplio de microorganismos fotosintéticos unicelulares que habitan una gran variedad de ambientes y climas. Además, tienen la capacidad de ser utilizadas en la producción de distintos tipos de biocombustibles. Así, dependiendo del grupo, las microalgas pueden acumular poli-sacáridos o lípidos, por lo cual, mediante la fermentación de azú-cares, es posible obtener bioetanol o aceites para la producción de biodiésel. Luego de ser procesada, la biomasa algal puede utilizarse en procesos de fermentación para la producción de biogás, mientras que el líquido residual remanente puede servir como fertilizante.

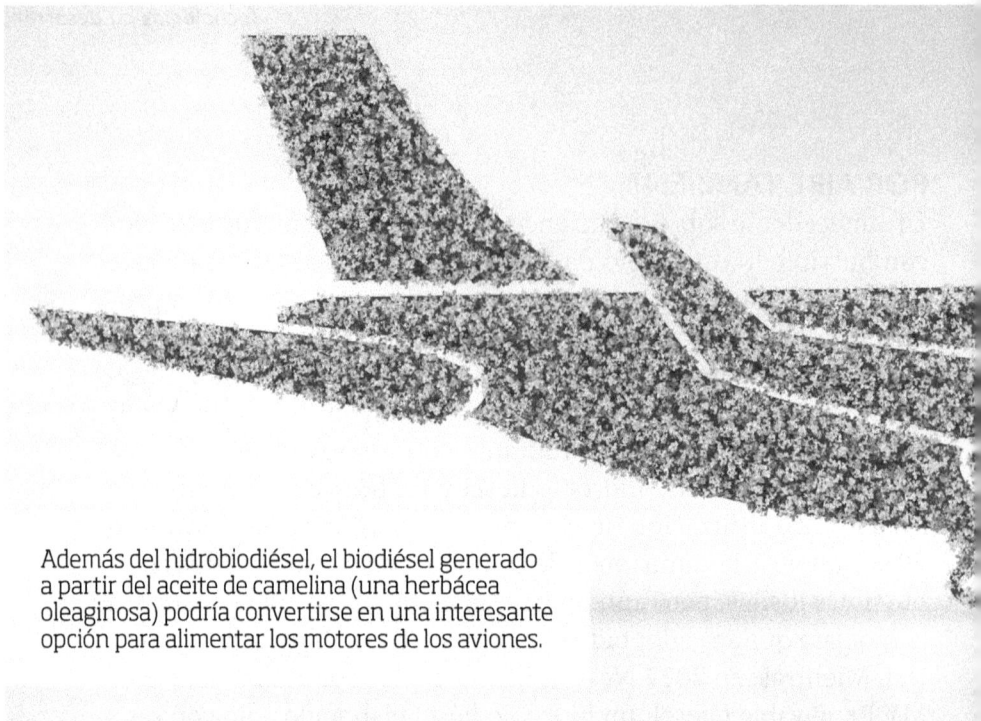

Además del hidrobiodiésel, el biodiésel generado a partir del aceite de camelina (una herbácea oleaginosa) podría convertirse en una interesante opción para alimentar los motores de los aviones.

Las microalgas son protistas fotosintéticos acuáticos y presentan grandes ventajas frente a las plantas terrestres, como por ejemplo una mayor eficiencia y todo lo relativo a su cultivo, ya que al estar adaptadas a un medio acuático, pueden cultivarse durante todo el año sin necesidad de depender de extensiones de tierra, cambios climáticos y la luz solar. Por otra parte, los cultivos de microalgas prescinden de la utilización de productos químicos, a diferencia de las plantas verdes.

Según las principales organizaciones dedicadas a la investigación de las microalgas como materia prima para elaborar combustibles, como la Algae Biomass Organization, las microalgas presentan diferentes beneficios, siempre dependiendo de la calidad y de las condiciones en que se realice su cultivo. Por ejemplo, pueden duplicar su biomasa en horas y no necesitan tierra fértil para desarrollarse, además de producir lípidos en un volumen equivalente al 60% de su peso seco, por lo que pueden generar entre 30 y 100 veces más aceite por hectárea que las plantas. A diferencia del maíz, la caña de azúcar, la soja o cualquier otro cultivo utilizado para la producción de biocombustibles, las microalgas pueden crecer en espacios cerrados, y de manera muy rápida, en cualquier localización del planeta.

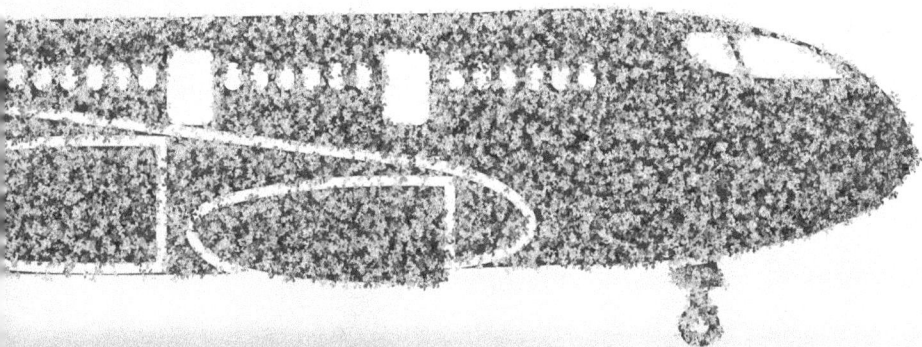

En relación con la tecnología de este cultivo, es posible utilizar compuestos varios y derivados de las diferentes áreas agroindustriales (como el glicerol en la producción de biodiésel) como
nutrientes del hábitat de cultivo, por lo que el ciclo de sustentabilidad iría encadenado.

El proyecto MacroFuels, financiado por el programa de
investigación e innovación Horizon 2020 de la Unión Europea,
es uno de los más avanzados en el ámbito mundial en lo que a
producción de biocombustibles a partir de microalgas se refiere.
Uno de los aspectos en que trabajan desde 2020 es aumentar la
producción de bioetanol en concentraciones económicamente
viables, mediante el desarrollo de nuevos organismos de fermentación, que metabolizan todos los azúcares con una eficiencia del 90%. Para ello, se necesita un suministro a gran escala,
por lo cual MacroFuels busca incrementar la cantidad de biomasa mediante el desarrollo de un esquema de cultivo rotativo,
que le permita obtener materia prima suficiente. Su objetivo es
abastecer a la maquinaria pesada, como camiones y barcos con
motores diésel, al tiempo que investiga la producción de combustibles adecuados, como combustibles líquidos o como pre-
cursores de estos, para el sector de la aviación.

El cultivo de las microalgas es sustancialmente más beneficioso y sano que el de las plantas terrestres.

BIOMETANO Y BIOBUTANOL, OTRAS ALTERNATIVAS

La Asociación Europea de Biogás asegura que el biometano puede producirse a partir de la depuración del biogás generado por digestión anaerobia, o bien a partir del lavado del gas de síntesis (*syngas*) generado en la gasificación de la biomasa. Claro, es 100% renovable. Para poder inyectarlo en la red de gas natural o emplearlo como combustible para vehículos debe ser depurado, lo que implica quitarle el dióxido de carbono, incrementando el porcentaje de metano –normalmente, por encima del 96%– de manera tal que cumpla los estándares de calidad del gas natural. Debido a que su composición química y su poder energético son muy similares a los del gas natural, el biometano no solo puede utilizarse como sustituto del gas sino también mezclarse en cualquier proporción. En la primera parte del siglo XXI, casi la totalidad del biometano producido en Europa se inyecta en las redes de gas natural y se utiliza para generar electricidad y calor, aunque en países escandinavos, por ejemplo, ya superó la participación de mercado del gas natural comprimido (GNC) que utilizan los vehículos.

Por su parte, el biobutanol puede ser producido por medio de la fermentación de acetona-butanol-etanol (ABE). Este proceso utiliza la bacteria *Clostridium acetobutylicum*, también conocida como el organismo Weizmann –el químico Jaim Weizmann (1874-1952) fue quien la utilizó por primera vez en 1916 para la producción de acetona a partir de almidón–. Los desechos de maderas, el bagazo y los residuos agrícolas son sus principales materias primas. Este alcohol presenta varias ventajas con respecto al bioetanol: baja miscibilidad en el agua, baja volatilidad, menor corrosión y mayor capacidad calorífica. Además, presenta la ventaja de poder sustituir la gasolina –aunque genera un poco menos de energía– sin necesidad de realizar modificaciones al motor. Entre las dificultades que presenta para realizar su producción a escala industrial aparecen algunas ineficiencias en las etapas de separación y purificación.

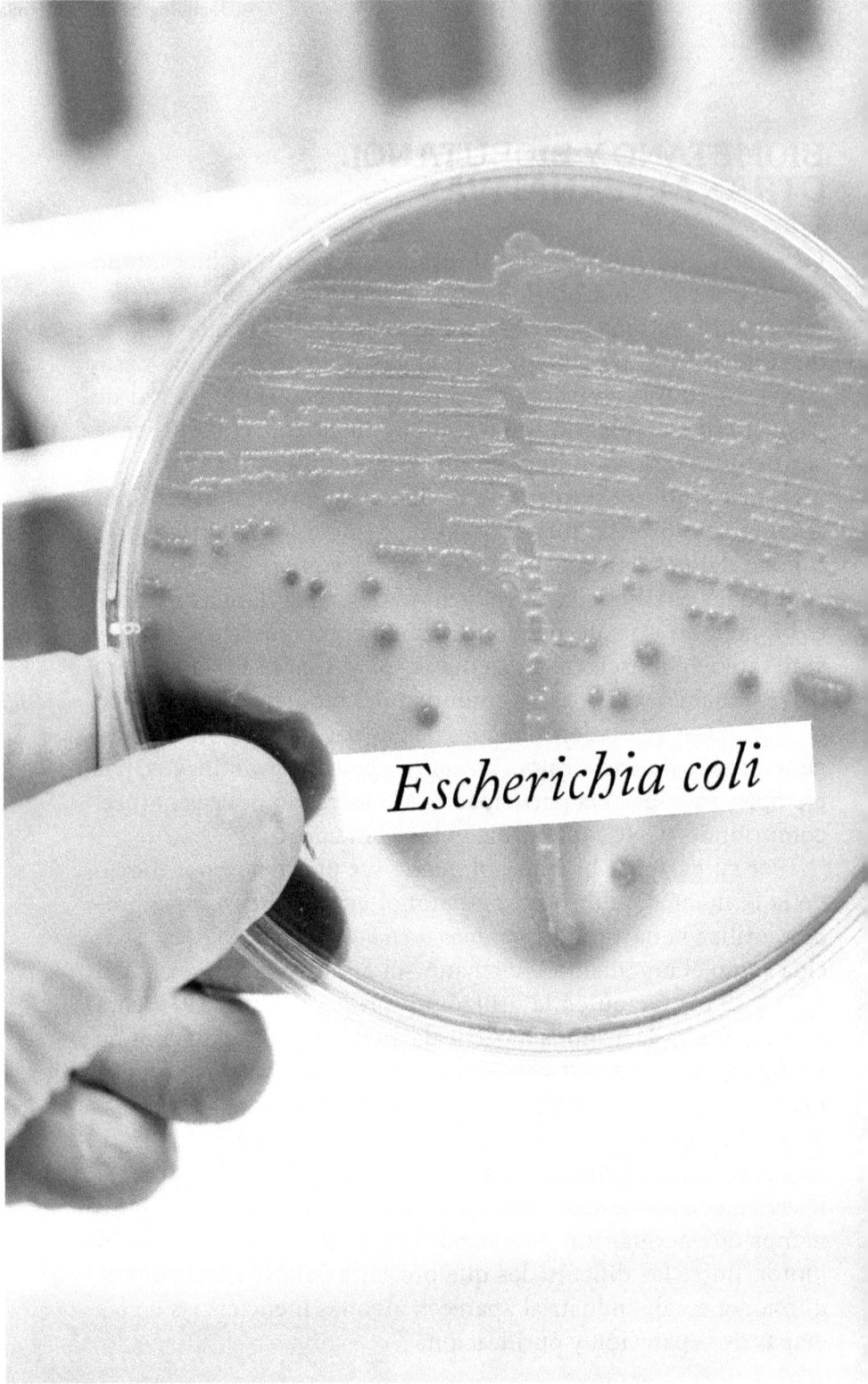

Escherichia coli

ESCHERICHIA COLI

En 2013, investigadores del Reino Unido desarrollaron una cepa genéticamente modificada de la bacteria *Escherichia coli*, que se obtiene a partir del estiércol de los animales y puede transformarse en glucosa para producir biocombustibles. La bacteria vive en los intestinos de la mayor parte de los mamíferos sanos y es el principal organismo anaerobio facultativo del sistema digestivo. Esta materia prima también serviría para fabricar plásticos, polímeros y productos farmacéuticos, a partir del malonil-CoA (se encuentra en las bacterias de los humanos y desempeña funciones importantes en la regulación del metabolismo de los ácidos grasos y la ingesta de alimentos).

ENCRUCIJADA: NO TODO LO QUE BRILLA ES ORO

Está claro que los biocombustibles ofrecen una alternativa a los combustibles fósiles, pero también necesitan mucho terreno para su desarrollo, y esto amenaza colateralmente la biodiversidad y el ambiente natural. Asimismo, la reducción de gases de efecto invernadero evidenciada por la utilización de estos biocombustibles depende en gran medida de cómo son producidos. Si se desarrollan de la manera correcta, podrían llegar a ser una parte importante de la solución, pero si se equivoca el camino pueden terminar siendo más un problema que una solución para revertir el cambio climático.

Además de su capacidad de sustituir a los combustibles fósiles y combatir la contaminación ambiental, los biocombustibles aparecieron como una suerte de salvoconducto para el desarrollo de

las economías agrícolas regionales. Los países y organismos internacionales comenzaron a otorgar subsidios para su producción y a regular su uso mediante la integración de porcentajes específicos para ser mezclados con los combustibles derivados del petróleo. Pero también hay algunos aspectos que no terminan de verse con buenos ojos en lo referido a ayudas económicas e incentivos para su producción, ya que esta puede desencadenar graves problemas. Un dato para nada menor es que, si toda la tierra cultivable del mundo se destinara a la producción de biocombustibles, igualmente no alcanzaría para cubrir la demanda actual de energía.

CRISIS Y VARIOS CONTRAPUNTOS

Los años 2000 llegaron con incentivos, subsidios y tarifas preferenciales de importaciones que beneficiaron, a escala global, a los grandes productores de biocombustibles. Por consiguiente, a mayor producción de cultivos destinada a biocombustibles, menor producción de alimentos. Ergo, en muchos países la «lucha» por las tierras fértiles desembocó en el aumento de los precios de todos los alimentos derivados. Y lo hizo por dos caminos: de manera directa, al restringir la oferta de productos para la alimentación, y de manera indirecta, en el caso de los alimentos que son insumos, por ejemplo, de ganado (impactó en el precio de la carne y de los lácteos). Es más, si los países desarrollados no hubiesen apostado tan fuerte por los biocombustibles, la producción mundial de maíz y trigo no habría decaído de tal manera, el costo de las semillas de aceites debería mantener estable su valor y las grandes sequías o inundaciones no habrían tenido consecuencias tan negativas para la economía mundial (sobre todo en los países menos desarrollados). ¿Los biocombustibles pueden, a largo plazo, generar una hambruna mundial?

Otro problema que suscita la producción de biocombustibles es la gran demanda de agua para regar los campos (sobre todo para producir biocombustibles de primera generación). De llegar a una situación de monocultivos, no solo se vería afectada la biodiversidad, sino que el problema incidiría directamente en los paisajes, ya que es factible que resulte en una importante simplificación del paisaje en cuestión de hábitats y estructura de la vegetación.

Si toda la tierra cultivable del mundo se destinara a la producción de biocombustibles, no alcanzaría para cubrir la demanda actual de energía.

En relación con los agroquímicos, la cuestión no es mucho más ecológica. Si bien un biocombustible es menos contaminante que un combustible fósil, es verdad que en los cultivos también se emplean insumos provenientes de hidrocarburos, tanto en la fertilización como en la fumigación y en el uso de la maquinaria agrícola. Es decir que, para determinar la «limpieza» de un biocombustible, se debe considerar y analizar el impacto de todo su proceso productivo, desde la primera cosecha hasta la última gota de biocarburante. Por caso, para el almacenamiento y el transporte de los biocombustibles se requieren grandes cantidades de insumos (además de la tierra y el agua), lo que demanda grandes cantidades de energía. Por eso las únicas fuentes de energía que pueden etiquetarse como 100% ecológicas son la eólica y la solar.

La deforestación y los costos sociales son otros dos problemas que acarrea la fabricación de biocombustibles. Por un lado, en

La tecnología llegó y se expande no solo con los sistemas de producción de biocombustibles sino también en cómo se administran la industria agropecuaria y el sector agroalimentario.

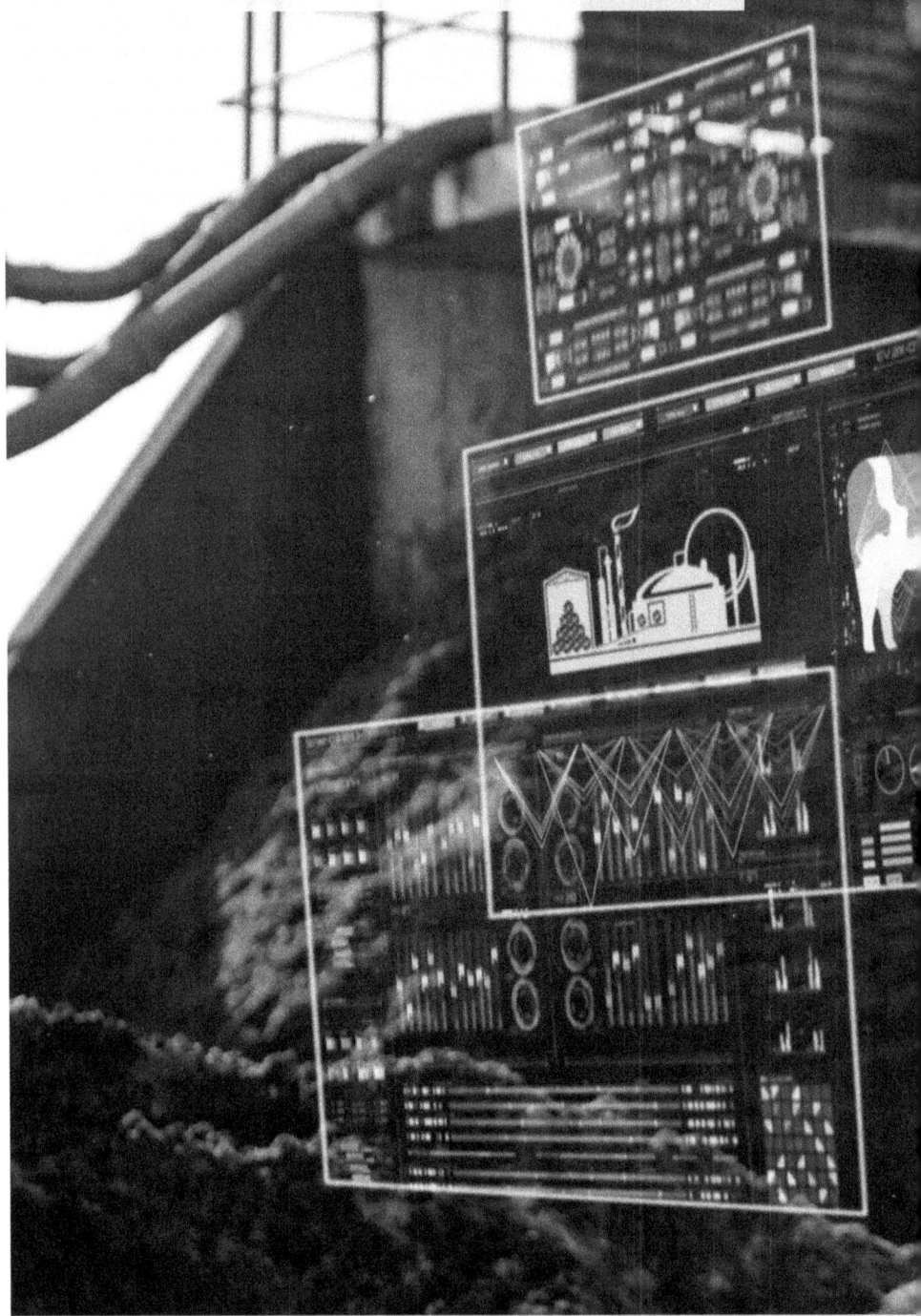

países de Asia y Sudamérica, sobre todo, se ha generado un proceso de acelerada deforestación que no merma ni se detiene. Para el cultivo de la palma fueron afectadas millones de hectáreas de bosques, así como pastizales y praderas que ancestralmente han sido territorio de pueblos originarios que viven de la agricultura. El doble efecto no solo acarrea un proceso de depredación ecosistémica sino también el desplazamiento de la población aborigen, que se ve sometida a realizar nuevas tareas, dejando de lado su producción autóctona.

¿QUÉ PASA CON LOS DESECHOS?

Otro aspecto preocupante es el manejo inadecuado de los desechos y residuos derivados de la producción de biocombustibles. Esto ocurriría si son vertidos sin tratamiento previo a un río sin el caudal suficiente para absolverlos. ¿Por qué? Estos desechos son ricos en materiales orgánicos y poseen una alta demanda biológica de oxígeno, de modo que dicha materia tomaría el oxígeno directamente del agua, dificultando no solo la vida de peces sino la de otros organismos. Algunas formas de manejar de modo adecuado estos residuos son utilizarlos para el riego de los campos (se estaría devolviendo el material orgánico a la tierra), evaporarlos en lagunas y utilizar los barros resultantes como abono, o tratarlos en reactores biológicos que permitan recuperar gas metano. Por cierto, el hecho de que estos residuos sean biodegradables constituye una gran ventaja en relación con los desechos de los hidrocarburos fósiles.

INTERESES CRUZADOS

En algunos países, las productoras de biocombustibles mantienen fuertes conflictos de intereses con las compañías petroleras, las cuales aseguran sufrir pérdidas millonarias por tener que sostener el régimen de promoción de los biocombustibles. Este conflicto tiene gran repercusión sobre todo en mercados de Latinoamérica. Algunos aspectos clave en los que se basan las productoras de biocombustibles para ratificar los beneficios de su industria son la carencia de subsidios para competir con los precios internacionales, la reducción en las importaciones de combustibles fósiles, la sostenibilidad ambiental y el desarrollo de economías regionales, entre otros.

PRESERVACIÓN DE LAS AVES

BirdLife International nació en 1922 y es una de las organizaciones mundiales más importantes entre las que se dedican a la
protección de las aves y sus hábitats. Con representantes en más
de 100 países, la integran asociaciones democráticas e independientes cuyo objetivo es la conservación y el estudio de las aves.
Para ello, propone la creación de una política energética que tenga
como objetivo la reducción de emisiones a través del ahorro de
energía, el incremento de la eficiencia energética y el desarrollo de
carburantes de bajo contenido en carbono, incluidos los biocombustibles. También un sistema de certificación obligatoria que ase-
gure que los biocombustibles que se beneficien de medidas gubernamentales como subvenciones o impuestos especiales, reúnan
estándares medioambientales mínimos, así como que estas ventajas están ligadas a la reducción de gases de efecto invernadero.
Y además, que el apoyo a la bioenergía debe estar basado en la
demanda, con el objetivo de conseguir un mercado energético que
recompense a los combustibles de bajo contenido en carbono, ya
que el apoyo basado en la oferta ha demostrado que la utilización
de los subsidios a la producción tiene un impacto perjudicial para
la biodiversidad y el ambiente.

LA PUERTA AL FUTURO

El medio ambiente reclama
un cambio

Las medidas gubernamentales inciden directamente en la expansión y evolución de los biocombustibles. Cultivos transgénicos, bioeconomía y concienciación social son la apuesta. Inversiones y apoyo para un mañana más «limpio» para las futuras generaciones.

INGENIERÍA GENÉTICA Y CULTIVOS TRANSGÉNICOS

Con el objetivo de conseguir mejores resultados en las cosechas, durante el transcurso de las últimas décadas la agricultura ha desarrollado nuevas tecnologías. En este contexto, la ingeniería genética ha contribuido a la incorporación de cultivos transgénicos que generalmente tienen lugar dentro del monocultivo. Cabe recordar que la técnica de monocultivo tuvo su apogeo a mitad del siglo XX –sobre todo en Estados Unidos, donde se la conoció como «Revolución verde»–, con importantes beneficios en cuanto a los índices de producción de las cosechas, pero trajo aparejados múltiples daños ambientales, como la erosión del suelo, la deforestación, la pérdida de diversidad genética, el agotamiento de los acuíferos, el uso excesivo de fertilizantes y pesticidas, y la liberación de gases de efecto invernadero.

La ingeniería genética es la tecnología que permite manipular genes por medio de la transferencia de ADN de un organismo a otro. A los organismos que reciben un gen, que les aporta una nueva característica, se los conoce como organismos transgénicos o genéticamente modificados (OGM). A partir de esta tecnología es posible la creación y generación de nuevas especies y la corrección de defectos genéticos. Básicamente, y por medio de dos procesos específicos, la transformación y la regeneración, a un organismo transgénico se le transfieren segmentos de ADN

que le permiten adquirir diferentes cualidades, como la tolerancia a las plagas o a herbicidas, o a condiciones climáticas adversas, para favorecer la productividad de los cultivos. Por supuesto, estas características son específicas y controladas, por lo cual las plantas transgénicas crecen con características independientes generadas a partir de la tecnología. La utilización de estas plantas y sus semillas está legislada en varios países, dado que, además de las ventajas mencionadas, ofrece también una elevada productividad. Sin embargo, algunas entidades aseguran que, a raíz de la alteración de su ADN, estas plantas y semillas pueden no ser del todo seguras para la salud de las personas. Por este motivo, algunas regiones del planeta se han declarado libres de productos transgénicos.

BIOECONOMÍA: EL PARADIGMA

120   En los últimos años, el concepto de «bioeconomía» ha adquirido vital importancia a escala global como respuesta a las crecientes demandas poblacionales, la menor disponibilidad de recursos fósiles y las consecuencias del cambio climático. Según el Ministerio de Ciencia, Tecnología e Innovación Productiva de la Argentina, a pesar de que el nivel de estabilización de la población mundial inicialmente se estimaba en 9.000 millones de personas en 2050, revisiones recientes indicarían que llegaría a 12.000 millones alrededor del año 2100. Ante estas predicciones, comienzan a evidenciarse marcadas tendencias hacia patrones productivos más sostenibles desde el punto de vista económico, social y ambiental.

La bioeconomía surge como un nuevo paradigma que comprende la convergencia de las nuevas tecnologías en los sectores productivos tradicionales, implicando una etapa de transición que sustituiría el modelo de industrialización actual. El foco de las discusiones se orienta a mayores productividades en el marco de una mayor sostenibilidad económica, social y ambiental. Estas tendencias conducen al uso más eficiente de los recursos naturales y a mayores requerimientos científico-tecnológicos de los procesos productivos para lograr una captura más eficiente de la energía solar y su transformación en otras formas de energía y productos.

La ciencia y la tecnología son fundamentales para resolver la ecuación de producir «más con menos» implícita en el concepto de bioeconomía. Los procesos productivos requerirán una nueva base tecnológica y serán mucho más demandantes de conocimientos científicos para la investigación y el desarrollo, comparados con los enfoques convencionales.

SUSTENTABILIDAD Y APOYO GUBERNAMENTAL

Es muy difícil determinar cuántos años más pueden durar las reservas de petróleo, pero la urgencia, en los comienzos del siglo XXI, pasa por disminuir la dependencia del crudo. En especial, la de los países que no lo producen pero que sí albergan las condiciones naturales ideales para sembrar cultivos con orientación agroenergética. Es verdad que aún el planeta tiene una cultura demasiado dependiente de los combustibles fósiles. Y resulta lógico. Para extraer petróleo, los países han realizado multimillonarias inversiones en tecnología e infraestructura, y ahora hay importantes intereses creados. El punto de partida para revertir esta tendencia –que lleva muchos años propagándose– lo establece el incesante calentamiento global que, de manera directa, debe forzar a los países a realizar inversiones para comenzar a producir los combustibles de segunda generación, que son los que mayor potencial tienen en los años por venir.

121

GLOSARIO

Anticorrosivo. Sustancia que se añade a un metal para evitar que se corroa o que corroa a otro con el que pueda entrar en contacto.

Atmósfera. Capa gaseosa que rodea la Tierra y otros cuerpos celestes.

Bagazo. Residuo fibroso resultante de la trituración, presión o maceración de frutos, semillas o tallos para extraerles su jugo, especialmente el de la vid o de la caña de azúcar.

Biodiversidad. Variedad de especies animales y vegetales en su medio ambiente.

Biomasa. Materia orgánica originada en un proceso biológico, espontáneo o provocado, utilizable como fuente de energía.

Carbohidratos. Son la fuente más importante de energía para su cuerpo. Los carbohidratos simples incluyen el azúcar que se encuentra naturalmente en productos como frutas, vegetales, leche y derivados de la leche.

Catalizador. Dicho de una sustancia que, en una pequeña cantidad, incrementa la velocidad de una reacción química y se recupera sin cambios esenciales al final de la reacción.

Celulosa. Polisacárido que forma la pared de las células vegetales y es el componente fundamental del papel.

Combustión. Reacción química entre el oxígeno y un material oxidable, acompañada de desprendimiento de energía y que habitualmente se manifiesta por incandescencia o llama.

Destilar. Calentar un cuerpo hasta evaporar su sustancia volátil que, enfriada después, recupera su estado líquido.

Enzima. Proteína que cataliza específicamente una reacción bioquímica del metabolismo.

Esmog. Niebla mezclada con humo y partículas en suspensión, propia de las ciudades industriales.

Éster. Compuesto orgánico que resulta de sustituir un átomo de hidrógeno de un ácido por un radical alcohólico.

Fermentar. Dicho de un hidrato de carbono que, al degradarse por acción enzimática, da lugar a un producto más sencillo como el alcohol etílico.

Fotosíntesis. Proceso metabólico específico de ciertas células de los organismos autótrofos, como las plantas verdes, por el que se sintetizan sustancias orgánicas gracias a la clorofila a partir de dióxido de carbono y agua, utilizando como fuente de energía la luz solar.

Gases de efecto invernadero. Gases atmosféricos que absorben y emiten radiación dentro del rango infrarrojo.

Levadura. Hongo unicelular de forma ovoide, que se reproduce por gemación o división, forma cadena y produce enzimas capaces de descomponer diversos cuerpos orgánicos, principalmente los azúcares, en otros más sencillos.

Lípidos. Cada uno de los compuestos orgánicos que resultan de la esterificación de alcoholes, como la glicerina y el colesterol, con ácidos grasos.

Microorganismo. Organismo unicelular solo visible al microscopio.

Radiación. Energía ondulatoria o partículas materiales que se propagan a través del espacio.

Relación de compresión. Número que permite medir la proporción en volumen, que se ha comprimido la mezcla de aire-combustible (motor a gasolina) o el aire (motor diésel) dentro de la cámara de combustión de un cilindro.

Seres fotosintéticos. Son aquellos capaces de capturar la energía solar y usarla para la producción de compuestos orgánicos.

Seres heterótrofos. Son aquellos que se nutren de otros organismos para obtener la materia orgánica ya sintetizada porque no cuentan con un sistema de producción de alimentos independiente.

Silvicultura. Conjunto de técnicas y conocimientos relativos al cultivo de los bosques o montes.

Triglicérido. Éster derivado de glicerol y tres ácidos grasos. Es el principal constituyente de la grasa corporal en los seres humanos y otros animales, así como la grasa vegetal.

BIBLIOGRAFÍA RECOMENDADA

○ Agencia de Protección Ambiental de Estados Unidos (EPA) [www.espanol.epa.gov].

○ Agencia del Gobierno de los Estados Unidos para el Desarrollo Internacional (USAID). **Biocombustibles: alternativa de negocios verdes**. Alexandra Friedmann y Reinaldo Penner, agosto de 2009.

○ Algae Biomass Organization [www.algaebiomass.org].

○ Asociación de Productores de Energías Renovables, Biocarburantes y Desarrollo Sostenible. **Mitos y realidades**. Septiembre de 2007.

○ Asociación Europea de Biogás [www.europeanbiogas.eu].

○ Asociación Regional de empresas de petróleo y gas natural en Latinoamérica y el caribe. **Manual de biocombustibles**. Octubre de 2009.

○ Beta Analytic. **What are Biofuels?** [www.betalabservices.com].

○ Bio4 [www.bio4.com.ar].

○ BirdLife International [www.birdlife.org].

○ Carris. Transportes Públicos Lisboa [www.carris.pt].

○ Consejo Argentino para la Información y Desarrollo de la Biotecnología (ArgenBio). **Producción de biodiésel a partir de aceite de soja. Contexto y evolución reciente**.

○ Energías Renovables. **El periodismo de las energías limpias** [www.energias-renovables.com].

○ Entrevista a Marcelo Lommo, gerente de Asistencia Técnica de Scania Argentina. Diciembre de 2019.

○ EUBCE. **Transition to a Bioeconomy** [www.eubce.com].

○ European Chemical Industry Council Sustainable Fuels [www.sustainablefuels.eu].

126

- Instituto Interamericano de Cooperación para la Agricultura (IICA). **Preguntas y respuestas más frecuentes sobre biocombustibles**. 2007.

- Instituto Nacional de Tecnología Agropecuaria (INTA) [www.inta.gob.ar].

- MacroFuels. **Innovation and Networks Executive Agency** [www.ec.europa.eu].

- Ministerio de Ciencia, Tecnología e Innovación Productiva de la Argentina [www.argentina.gob.ar].

- Neste Oil [www.neste.com].

- OilTanking [www.oiltanking.com].

- Organización de las Naciones Unidas para la Alimentación y la Agricultura (FAO). **Bioenergía y seguridad alimentaria: Etanol y biodiésel**. 2014.

- Organización Latinoamericana de Energía (OLADE). **Biocombustibles a partir de algas marinas**.

- PRIO. **Combustibles, movilidad eléctrica y GAS** [www.prio.pt].

- Remoción de Barreras para la Electrificación Rural con Energías Renovables. **Manual del biogás**. 2011.

- Scania Press Room [www.scania.com/group/en/section/pressroom].

TÍTULOS DE LA COLECCIÓN

www.ingramcontent.com/pod-product-compliance
Lightning Source LLC
Chambersburg PA
CBHW071151200326
41519CB00018B/5176